唐　琳　余松科　方　方／著

X射线光谱中突变核脉冲处理技术研究

Research on Technologies of Disorted Nuclear Pulse Processing in X-ray Spectrum

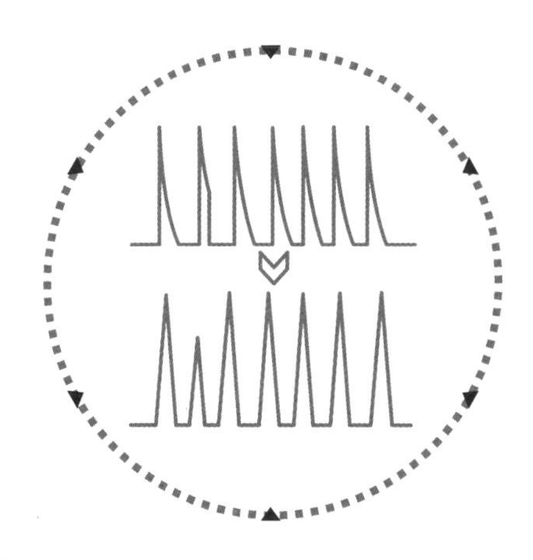

DOCTORAL

·成都·

图书在版编目(CIP)数据

X 射线光谱中突变核脉冲处理技术研究 / 唐琳，余松科，方方著. -- 成都 : 成都电子科大出版社，2024.12. -- ISBN 978-7-5770-1345-9

Ⅰ. TL822

中国国家版本馆 CIP 数据核字第 20248B1R69 号

X 射线光谱中突变核脉冲处理技术研究

X SHEXIAN GUANGPU ZHONG TUBIAN HEMAICHONG CHULI JISHU YANJIU

唐　琳　余松科　方　方　著

出 品 人　田　江
策划统筹　杜　倩
策划编辑　熊晶晶　李述娜
责任编辑　熊晶晶
助理编辑　彭　敏
责任设计　李　倩
责任校对　李述娜
责任印制　梁　硕

出版发行　电子科技大学出版社
　　　　　成都市一环路东一段 159 号电子信息产业大厦九楼　邮编　610051
主　　页　www.uestcp.com.cn
服务电话　028-83203399
邮购电话　028-83201495

印　　刷　成都久之印刷有限公司
成品尺寸　170 mm×240 mm
印　　张　10.75
字　　数　200 千字
版　　次　2024 年 12 月第 1 版
印　　次　2024 年 12 月第 1 次印刷
书　　号　ISBN 978-7-5770-1345-9
定　　价　68.00 元

序

FOREWORD

当前，我们正置身于一个前所未有的变革时代，新一轮科技革命和产业变革深入发展，科技的迅猛发展如同破晓的曙光，照亮了人类前行的道路。科技创新已经成为国际战略博弈的主要战场。习近平总书记深刻指出："加快实现高水平科技自立自强，是推动高质量发展的必由之路。"这一重要论断，不仅为我国科技事业发展指明了方向，也激励着每一位科技工作者勇攀高峰、不断前行。

博士研究生教育是国民教育的最高层次，在人才培养和科学研究中发挥着举足轻重的作用，是国家科技创新体系的重要支撑。博士研究生是学科建设和发展的生力军，他们通过深入研究和探索，不断推动学科理论和技术进步。博士论文则是博士学术水平的重要标志性成果，反映了博士研究生的培养水平，具有显著的创新性和前沿性。

由电子科技大学出版社推出的"博士论丛"图书，汇集多学科精英之作，其中《基于时间反演电磁成像的无源互调源定位方法研究》等28篇佳作荣获中国电子学会、中国光学工程学会、中国仪器仪表学会等国家级学会以及电子科技大学的优秀博士论文的殊誉。这些著作理论创新与实践突破并重，微观探秘与宏观解析交织，不仅拓宽了认知边界，也为相关科学技术难题提供了新解。"博士论丛"的出版必将促进优秀学术成果的传播与交流，为创新型人才的培养提供支撑，进一步推动博士教育迈向新高。

青年是国家的未来和民族的希望,青年科技工作者是科技创新的生力军和中坚力量。我也是从一名青年科技工作者成长起来的,希望“博士论丛”的青年学者们再接再厉。我愿此论丛成为青年学者心中之光,照亮科研之路,激励后辈勇攀高峰,为加快建成科技强国贡献力量!

中国工程院院士

2024 年 12 月

前　言

PREFACE

近几年，随着电子技术、计算机技术等关键技术的发展，核脉冲信号处理作为核技术与电子技术的交叉学科也有了长足的进步，并以其高可靠性、高精密性广泛应用于工业、农业、医业、航天航空、食品安全等领域。本书深入探讨了 X 射线光谱中突变核脉冲处理技术的理论与实践，旨在为相关领域的研究者提供全面且深入的应用指导。本书不仅分析了突变核脉冲处理技术在 X 射线光谱分析中的重要性，还详细介绍了该技术在提高光谱分辨率和信号检测灵敏度方面的应用。

第一章，绪论。笔者概述了 X 射线光谱分析的基本原理和突变核脉冲处理技术的发展历程，介绍当前研究的主要方向和挑战。

第二章，X 射线光谱测量装置的硬件组成。笔者详细阐述了测量系统以及 DPP 硬件电路的设计。其中，测量系统包括 X 光管、探测器、样品，DPP 硬件电路包括电源电路、前端电路、ADC 采样电路以及 FPGA 电路。

第三章，核脉冲信号数字处理方法。笔者详细阐述了突变核脉冲处理技术的理论基础，包括上升时间甄别、数字脉冲成形、脉冲堆积等关键环节。

第四章，突变脉冲剔除技术。笔者详细阐述了伪峰形成的原理、伪峰剔除技术的原理，最后聚焦于突变核脉冲剔除处理技术在硬件中的实现以及在不同样品中的应用,展示其在提高光谱质量方面的显著效果。

第五章,突变脉冲修复技术。笔者介绍了脉冲修复算法的理论基础以及推导过程,最后聚焦于突变核脉冲修复技术在硬件中的实现以及在不同样品中的应用,展示其在提高光谱质量方面的显著效果。

第六章,实验结果分析与讨论。笔者介绍了实验平台的配置,分别对脉冲剔除技术和脉冲修复技术的实验结果进行了定性和定量分析,在此基础上,还增加了突变脉冲比例分析、峰面积分析、统计涨落分析以及测量系统的稳定性分析。

在本书的编写过程中,笔者力求内容的准确性和实用性,以期为从事 X 射线光谱分析和突变核脉冲处理技术研究的专业人士提供有价值的参考。由于作者水平有限,书中难免存在不足,诚挚地欢迎广大读者提出宝贵的意见和建议。

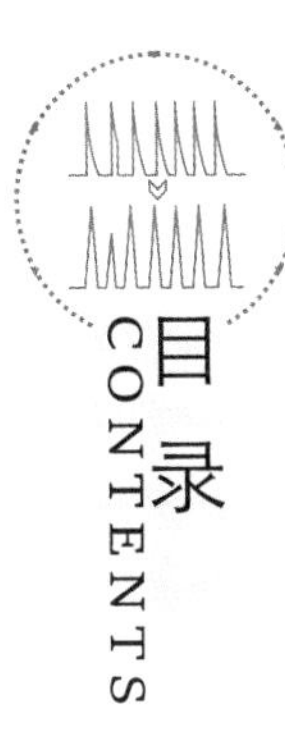

目录 CONTENTS

- 第一章　绪论
  - 1.1　研究依据和研究意义　003
  - 1.2　国内外发展历史及研究现状　006
    - 1.2.1　国外研究现状　006
    - 1.2.2　国内研究现状　009
  - 1.3　主要研究内容　013
  - 1.4　主要创新点　015
- 第二章　X 射线光谱测量装置的硬件组成
  - 2.1　测量系统　019
    - 2.1.1　X 光管　021
    - 2.1.2　探测器　025
    - 2.1.3　样品　029
  - 2.2　DPP 硬件电路设计　031
    - 2.2.1　电源电路设计　031
    - 2.2.2　前端电路设计　033
    - 2.2.3　ADC 采样电路设计　034
    - 2.2.4　FPGA 电路设计　035
  - 2.3　本章小结　036
- 第三章　核脉冲信号数字处理方法
  - 3.1　上升时间甄别方法　040
    - 3.1.1　上升时间甄别方法的发展历程　040
    - 3.1.2　上升时间甄别方法的甄别原理　041
    - 3.1.3　上升时间甄别方法的实现　042
  - 3.2　数字脉冲成形方式　044
    - 3.2.1　成形方式　044
    - 3.2.2　梯形成形方式的函数模型　046
    - 3.2.3　梯形成形方式的仿真结果　050
  - 3.3　脉冲堆积　053
    - 3.3.1　成形参数　055
    - 3.3.2　快慢通道　058
    - 3.3.3　脉冲宽度筛查　059
  - 3.4　本章小结　065

• 第四章　突变脉冲剔除技术

4.1　概述　069

4.2　伪峰形成原理　071

4.2.1　前放电路及输出信号　071

4.2.2　脉冲复位信号　072

4.2.3　*CR* 微分输出信号　073

4.3　脉冲剔除技术的原理　076

4.3.1　三角成形时间　076

4.3.2　突变时刻　078

4.4　脉冲剔除技术在 FPGA 中的实现　080

4.5　脉冲剔除技术的实验验证　082

4.5.1　以 ^{55}Fe 标准源为测量对象的谱分析实验　083

4.5.2　以岩石样品为测量对象的谱分析实验　084

4.6　本章小结　086

• 第五章　突变脉冲修复技术

5.1　概述　089

5.2　脉冲修复算法的理论推导　091

5.2.1　指数递推算法　091

5.2.2　直线修复法　097

5.2.3　多点差值修复法　102

5.2.4　多阶逐次逼近法　104

5.3　脉冲修复技术在 FPGA 中的实现　110

5.4　脉冲修复技术的实验验证　112

5.4.1　以 ^{55}Fe 标准源为测量对象的谱分析实验　112

5.4.2　以铁矿样品为测量对象的谱分析实验　113

5.5　本章小结　115

• 第六章　实验结果分析与讨论
6. 1　实验平台配置　119
6. 2　脉冲剔除技术的实验结果分析　121
6. 2. 1　脉冲剔除技术的定性分析　121
6. 2. 2　脉冲剔除技术的定量分析　123
6. 3　脉冲修复技术的实验结果分析　127
6. 3. 1　脉冲修复结果分析　127
6. 3. 2　脉冲修复定性分析　128
6. 3. 3　脉冲修复定量分析　130
6. 4　突变脉冲比例分析　134
6. 5　峰面积分析　138
6. 6　统计涨落分析　142
6. 7　测量系统稳定性实验　144
6. 8　本章小结　149
• 参考文献

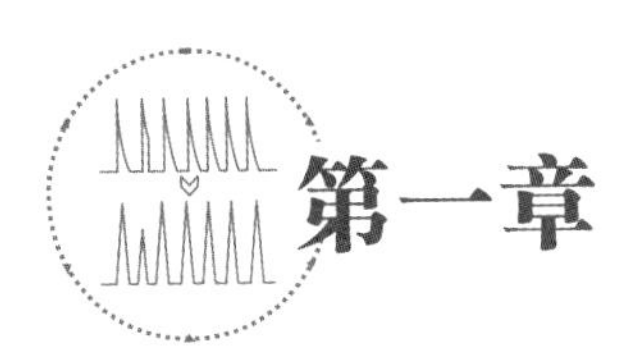

第一章

绪　论

1.1 研究依据和研究意义

近几年，随着电子技术、计算机技术、电子元器件等关键技术日新月异的发展，核脉冲信号处理作为核技术与电子技术的交叉学科也有了长足的进步，并以其高可靠性、高精密性广泛应用于工业、农业、医疗、航天航空、食品安全等领域。例如，工业方面生产线、各种工业参数(如工业探伤、水位、密度、厚度等)的监测。农业方面应用原子反应堆产生的热中子或加速器产生的快中子，以及放射性同位素放出的射线使生物细胞内遗传物质 DNA(deoxyribonucleic acid，脱氧核糖核酸)的结构发生改变，从而引起生物形形色色的性状突变的育种方式。医疗方面主要包括放射性诊断和放射性治疗，其中放射性诊断(医用 X-CT)用于疾病显像诊断，放射性治疗是目前杀死癌细胞的一种有效方式。航天航空方面，核脉冲信号处理被用于对月球、火星等天体上的土壤成分及含量进行探究，测量结果能谱图可以精确显示出每种元素的含量；在嫦娥一号和嫦娥二号探月工程中，γ 射线数字谱仪、X 射线数字谱仪对月球表面部分元素的含量和分布进行了辨析，微波探测仪首次被应用到太空对月探测，将对月球土壤厚度和 ^{3}He 资源含量进行测量；而由太阳高能粒子探测器和太阳风离子探测器组成的空间环境探测系统，将通过不间断地捕捉质子、电子和离子，对 4 万千米到 40 万千米范围的“地 -月”空间环境展开探测。此外，离子注入、离子辐照损伤、离子束惯性约束聚变等技术也已成为材料科学、生命科学、能源科学的重要研究手段。

进入20世纪90年代，随着制作工艺的不断发展，探测器的能量分辨率不断提高。21世纪，核电子学系统从模拟电路逐渐向数字化方向发展，各种常用探测器的能量分辨率不断向其固有能量分辨率靠近，核脉冲信号处理的应用领域不断拓宽，但在核技术高速发展的同时，也遇到了技术瓶颈，目前普遍存在的几个技术难点如下所述。

(1)虽然现在已经有很多高分辨率的探测器(如HPGe探测器、SDD、FAST-SDD等)，但是半导体探测器中集成的开关复位型前置放大频繁复位导致了大量突变脉冲的产生，这些突变脉冲如果不进行剔除或者修复，将会在最终得到的谱图中以全能峰前面的伪峰形式存在，严重影响能谱分析中对微弱元素特征峰的甄别。因此，通过脉冲剔除技术或者脉冲修复技术来处理突变脉冲消除全谱中的伪峰已成为核脉冲信号处理中亟待解决的问题。

(2)能量色散X射线荧光(enrgy dispersive X-ray fluorescence，EDXRF)的准确度和精度提高了改进型探测器的能量分辨率。然而，在高的能量分辨率和高计数率之间总有一个平衡，有许多系统层面的问题超越了能量分辨率。能量分辨率通常用来表示测量系统的能量识别能力，目前很多探测器的能量分辨率都已经非常接近仪器本身的固有分辨率，就分析结果的准确度和精度而言再去提高能量分辨率的优点并不是非常明显。2016年7月，Amptek公司的Robert Redus等人对一组参考材料实施了EDXRF分析，激发源采用的是一个X光管，能谱采用的是XRF-FP软件分析，分析过程采用了几种不同的探测器(包括Si-PIN探测器、SDD探测器和CdTe探测器)，操作参数是可调的，以便于提供一个较大能量分辨率的测量范围。在5.9 keV，对SDD探测器和Si-PIN探测器来说，特征峰半高宽范围从139 eV到325 eV，对CdTe探测器来说分辨率为450 eV。

分析数据表明，对有堆积和重叠现象的主峰，如在钢里面的铬元素和镍元素，当分辨率很高时并不能得到较高的测量精度，也就是说测量精度是独立于分辨率的。而对于有大量堆积的弱峰，如钢里面的 Mn 或白金里面的 Au，测量精度则随能量分辨率的降低而迅速降低。对于不受本底影响的孤立峰，如钢里面的 Mo，其测量精度则与能量分辨率无关。因此，在对不同样品进行谱分析时，仅仅追求高的能量分辨率是远远不够的，尤其是微弱元素含量丰富的情况下，要想得到可靠的计数率，伪峰剔除就显得格外重要。

综上所述，在仅靠提升能量分辨率已经不能得到精确谱图的情况下，本研究通过突变核脉冲信号处理来剔除或者修复突变脉冲，获取真实可靠的脉冲幅度，提高能谱分析的精确度。

1.2 国内外发展历史及研究现状

在 X 射线光谱测量系统中，核脉冲信号处理一直以来都是科研人员与机构的研究热点。尽管国外 X 射线光谱测量系统中核脉冲信号处理技术领先于国内，但我国的 X 射线光谱测量技术水平也在不断发展、不断提高。在发展过程中，我们需要学习国外的一些先进技术，更需要在学习的基础上不断探索、不断改进。

1.2.1 国外研究现状

国外关于核脉冲信号处理技术的研究具体如下。

1975 年，H. Koeman 介绍了数字离散采样和成形滤波的方法，并设计了一种新型的数字滤波器并将其应用在 X 射线荧光测量领域[89-90]。1977 年，Bradley A. Rosoe 和 A. Keith Furr 以 X 射线荧光测量技术为基础，详细分析了探测器与后续电子学电路之间脉冲成形匹配问题[82]。国外关于核脉冲信号处理中数字滤波、成形算法开始于 20 世纪 90 年代初，Valentin T. Jordanov 所在的研究团队对实时脉冲信号成形的数字合成、上升时间的鉴别以及基于加权因子的数字成形技术等作出了详细的研究，为后续世界各国的研究人员在脉冲成形领域奠定了坚实的理论基础[118-120]。2003 年，Valentin T. Jordanov 又提出了凹曲率成形和凸曲率成形两种并行处理方法完成数字脉冲成形[121]。

受到当时电子技术和计算机技术的制约，硬件电路的发展仍然难以跟上理论发展的速度，很多理论成果的应用也受到了限制。随着数字电子技术的发展，现场可编程门阵列(field prcgrammable gate array，FPGA)和数字信号处理(digital signal processing，DSP)等集成电路也取得了实质性的飞跃，数字脉冲成形的发展进入了一个新的阶段。2012 年，Vahid Esmaeili-sani 等人描述了一种利用 FPGA 实现的双极性梯形脉冲成形，并将该成形方式应用于中子和 γ 射线的甄别中[126]。2014 年，Alberto Regadio 等人通过 FPGA 实现了一种自适应的数字成形器，该数字成形器能够根据需要实时自动调节成形参数，实现包括梯形成形、三角成形和尖顶成形在内的多种成形方式[79]。之后，又设计并实现了两种新的算法：一种通过模拟退火法来计算任意噪声下的最优滤波器[80]，另一种则是利用遗传算法来确定光谱时域最佳成形方式[81]，这种改进的算法可以自动调整成形参数。为了验证两种算法的有效性，Alberto Regadio 等人对理论实例进行了详细评估，并在辐射设施中测量了一个实际装置[80-81]。额外的约束条件可以被添加到该算法中来修正参数，如成形时间、峰值时间等。两种算法的性能通过模拟数据和实验结果进行对比，结果表明遗传算法和模拟退火法执行的软件指令数量和计算时间相似，两者各有优缺点。遗传算法的优点在于搜索空间增大可以更好地抑制噪声，但模拟退火法无法得到；模拟退火法的优点是只需要少量的存储空间来存储最后生成的成形器和当前最优的成形器，但遗传算法却需要存储完整的两代，所需容量远远大于模拟退火法。

脉冲堆积的出现归因于测量系统的死时间和探测器的脉冲处理电路，许多探测器厂商试图通过添加处理电路来限制脉冲堆积，但它从未被完全抑制，并且在计数率越高的应用中，脉冲堆积的可能性也越大。因此，测量后对脉冲堆积引起的失真进行校正总是必要的。2014 年，Lorenzo Sabbatucci 在 Guo 等人提出的蒙特卡洛算法的基础上[85-86]，描述了一种蒙特卡洛脉冲堆积后处理工具[98]。蒙特卡洛脉冲堆积后处理工具可以自动确定计数系统的死时间，并且即使存在脉冲堆积抑制电路也对堆积效应进行校正。

传统谱测量方法对大部分堆积脉冲的处理就是丢弃，但是这样不利于得到较高的检测效率和计数率。为了得到高分辨率的辐射光谱，在基线恢复和堆积校正方面国外公布了很多研究成果。Mahdi Kafaee 等人发表了基于双极性尖顶成形的基线恢复和堆积校正的研究成果[101]，该研究成果提出双极性尖顶整形作为减轻基线漂移和脉冲堆积之间的折中，介绍了一种在数字脉冲处理器(digital pulse processor，DPP)上实现的递归算法，并对其进行了评价，最后利用蒙特卡洛仿真研究了该递归算法对实际叠加脉冲流的降噪性能，并通过实测数据检验了整形方法对基线恢复和堆积抑制的能力。Mohammad-Reza 等人为了减小医学成像应用中的曝光时间提出了单事件重建法[106]，单事件重建法以快速拟合算法为前提，利用拟合过程逐个恢复脉冲，并在此基础上提出基于逐次积分的快速非迭代算法。该算法将实验数据与双指数模型拟合在一起。优化该方法之后，将其与传统的丢弃堆积的方法相比，计算不同计数率的能谱、能量分辨率和峰-峰计数比，结果表明该方法可以有效处理堆积脉冲，重建脉冲信息。

谱测量中除能量分辨率和计数率两项指标外，我们比较关注并始终存在的另一项重要指标就是统计涨落，统计涨落决定了给定探测器能量分辨率的理论极限，而统计涨落产生的根本原因在于测量得到的脉冲幅度的随机性。2008 年，M. Chefdeville 等研究了微型气体探测器的性能，通过微型探测器制造技术精确地控制空穴直径和放大间隙厚度，减少了这一部分对增益不确定性的影响，并得出只有雪崩波动影响脉冲高度的统计涨落。[102]

在辐射测量领域中，脉冲堆积的相关问题常常与死时间现象混淆。2018 年，Shoaib Usman 等人总结了死时间的科学状态以及对脉冲堆积相关工作提出的测量和补偿技术，同时对目前辐射监测系统的死时间校正摸索作出了评价，最终得出多道谱仪并不能实时纠正所有类型的死时间问题[112]。因此在估算任何测量系统的死时间之前，都必须全面了解系统中每一个单元的工作情况。

除了对核脉冲信号处理的研究外，国外的硬件发展水平也领先于国内，如 AMPTEK、ORTEC、CANBERRA、XIA 等生产的探测器占据了整个核辐射测量市场绝大部分的份额。随着数字电子技术的发展，各大仪器厂商已经将数字滤波、前置放大、脉冲成形技术、死时间校正算法等集成到探测器中。

半导体探测器以其较高的能量分辨率在核辐射测量领域中得到了广泛使用，绝大部分半导体探测器直接将开关复位型前放集成为一个整体(探头)，前放对探测器输出的微弱电荷信号进行放大并滤除干扰[83]。相比于阻容反馈型前置放大器，开关复位型前放弹道亏损小、滤波效果好，但却存在每次复位时间不确定，复位时可能会产生一个保持时间不够的阶跃脉冲的问题(下文中定义为突变脉冲)，如果不对该脉冲进行处理，最终得到的谱图上就会在全能峰的前面出现一个伪峰，这对测量得到的谱图的精细分析会造成影响，尤其是对微弱元素特征峰的分析[114]。

1.2.2 国内研究现状

在提高 X 射线光谱测量系统的能量分辨率方面，受限于电子技术的发展，历年来国内的研究主要集中在核脉冲信号处理上。对核脉冲信号进行处理的方法分为传统方法和改进方法两种。传统方法是对所有脉冲幅度信息仅记录一次；改进方法是基于蒙特卡洛方法对所有脉冲幅度样本进行多次抽样，通过取恰当的样本容量和随机数，每个样本被抽取到的次数应趋于一致。

关于传统脉冲成谱方法，过去几十年已经有大量的研究人员对 X 射线光谱中的核脉冲信号处理技术进行了深入的研究。在数字多道谱仪的核脉冲信号处理环节中，脉冲幅度分析技术也经历了两个阶段：第一个阶段，测量系统输出的核脉冲信号经过采用模拟成形方式得到成形结果，再利用数字信号处理器(DSP)将成形后的核脉冲信号通过高速模数转换器(analog-to-digital converter，ADC)获得数字脉冲，最后在数字脉冲信号中寻峰，完成脉冲信号的数字处理，因此第一个阶段也可以简单概括为先成形再数字化；第二个阶段，将测量系统输出的微弱核脉冲信号经过多级放大后直接输入高速模数转换器(ADC)获取数字量，对数字化的结果进行数字脉冲成形，再在成形后的脉冲上找到峰值，完成脉冲信号的数字处理，因此第二阶段也可以概括为先数字化再成形。目前广泛采用的是第二阶段的信号处理方式，其中梯形成形(三角成形)就是一种用于数字化核脉冲信号滤波成形的重要方法。这种成形方式不仅具有良好的滤波性能，对堆积判断也具有重要意义。

国内一些大学和科研机构在核脉冲信号处理领域中也作出了很多的努力，取得了大量的研究成果。2005—2008年，清华大学的肖无云、敖奇、魏义祥等人对多道脉冲幅度分析中的数字基线估计方法作出了详细的介绍[42]，对数字化多道脉冲幅度分析技术也进行了详细的研究[46]，详细分析了核脉冲信号处理的关键技术，并通过MATLAB软件对梯形成形、数字基线估计、数字极零零极补偿、极零点识别等核心算法进行了模拟，探讨了核脉冲信号处理技术在实际应用中存在的关键技术问题，为研制国产数字化核谱仪打下了基础[3,43]。之后，肖无云等人详细介绍了任意噪声和约束下的最佳数字滤波器设计以及数字化多道脉冲幅度分析中的梯形成形算法，对梯形成形的原理、过程都进行了详细的说明[44-45]。

2003—2009年，四川大学的张软玉、周清华等人对数字核谱仪中条件线路的实现方法进行了详细研究，最终提出一种最佳实现方法[54]。之后，张软玉等人对核脉冲信号处理方法、核脉冲信号数值仿真方法、数字化核脉冲信号梯形成形滤波算法以及参数最优化数字核能谱获取系统等方面进行研究，在数字滤波成形、核脉冲信号处理以及数值仿真技术等方面都提出了相应的研究成果[55-57,61,71]。

2007—2008 年，邱晓林、许鹏、霍勇刚、弟宇鸣等人对基线卡尔曼滤波估计[34]、γ 辐射数字测量[49]、核脉冲幅度分析[14]、脉冲堆积[9]等关键技术进行了研究，取得了大量的研究成果。2007 年，覃章健等人采用曲线拟合法有效地提取了探测器输出信号的幅度，并采用对称零面积法对成形脉冲基线进行恢复[22]。2012—2017 年，周建斌、洪旭等人对堆积脉冲的识别[69][17]、S-K 滤波器的改进及应用[70]、数字脉冲成形算法[15][16][67]等方面做了大量研究工作。在计数率矫正方面，Abbene 等人提出了单个延时线成形方式(single delay line，SDL shaping)，该成形方式易于实现，并且可以有效地分离堆积脉冲，校正计数率，但成形结果存在比较严重的俯冲[74-75]。针对 SDL 成形存在的问题，洪旭提出了单位冲激脉冲成形，其成形结果的脉冲宽度和幅度都不低于 SDL 成形，并且能够消除 SDL 成形的俯冲现象[18]。

在 X 射线谱分析方面，李哲等人[131]提出了一种新的统计拟合方法——基于统计分布的解析法(SDA)，用于拟合硅(PIN)和硅漂移探测器(SDD)记录的单高斯形 $K\alpha$ 和 $K\beta$ X 射线峰。SDA 使用离散分布理论计算能量分辨率的标准偏差，通过测量 19 种纯元素的特征 X 射线谱，完成了两个探测器在 4.5 ~ 26 keV 能量范围内 σ 和能量 E 的标定，最后通过谱分数参数(SF)利用 SDA 方法求解重叠峰。在测得的光谱中，X 射线峰的高斯部分可以由具有两个参数的高斯函数拟合，即 σ 和 SF。当用 Si-PIN 和 SDD 探测器检测国家标准合金样品的复杂 X 射线谱时，SDA 拟合方法给出了 SDD 的最佳拟合。

以上的所有研究工作都是基于传统的脉冲成谱方法处理理论与方法研

究，受统计涨落影响较大。针对改进的快速多脉冲成谱（fast multi-pulse spectrum，FMPS）处理技术，2018 年国内新先达测控技术有限公司研发团队就该技术前期的研究成果已申请了知识产权保护[68]。2005 年，FMPS 技术在国外已有类似的文献简要报道[123]，但国内尚无相关成果刊登。FMPS 技术可以有效提高探测器的能量分辨率，但同时也损失了计数率，有待更进一步研究。笔者在接下来的研究工作中也会将重点放到计数率倍增中去，以期将该技术应用到目前的研究基础上，在计数率可靠的基础上实现计数倍增。

综上所述，国内外在核脉冲信号处理方面的研究主要集中在数字成形、脉冲堆积等方面，由于过去在低计数率、低能量分辨率的场合中半导体探测器所采用的开关复位型前置放大频繁复位导致的突变脉冲并未对谱分析造成很大的影响，所以开关复位型前置放大引起的突变脉冲问题尚未引起国内外研究人员的关注。如今，随着数字电子学的快速发展，测量精度逐渐提高，能量分辨率也逐步提升，突变脉冲引起的伪峰问题逐步凸显出来，这些突变脉冲如果不进行甄别或者修复将会在最终得到的谱图中以全能峰前面的伪峰形式存在，严重影响了能谱分析中对微弱元素特征峰的甄别。因此提出脉冲剔除技术[114]和脉冲修复技术[115]来解决全谱中由突变脉冲造成的伪峰问题。

1.3 主要研究内容

本项研究来源于国家科技重大专项“多维高精度成像测井系列”（编号：2017ZX0501900）子课题：溴化镧探测器超高速能谱采集电路研究（编号：2017ZX0501900－007）。

在深入学习国内外关于核脉冲信号处理先进技术的基础上，针对目前存在的几个问题提出了两项核脉冲处理技术作为解决办法，对这两项技术的研究基础以及各项技术涉及的基本理论、数学方法、硬件实现以及实验结果都进行了详细的论述和深入的分析，相关研究工作涉及了原子核物理以及数理统计等多个学科。

本书的主体内容以及核心研究工作见表 1-1 所列，主要研究内容如下。

（1）为消除全谱中的伪峰，提出了脉冲剔除技术并进行深入研究及仿真和实验。脉冲剔除技术主要通过对突变脉冲的甄别和剔除来达到消除伪峰的目的，该技术的关键在于如何通过脉冲形状甄别和判峰的方法去筛选需要剔除的脉冲。

（2）脉冲修复技术通过恰当的修复算法将突变脉冲修复成正常脉冲送到后续核脉冲信号处理系统中进行处理，最终达到伪峰消除的目的。

（3）实验结果与分析章节对两种突变脉冲处理技术分别采用不同的样品进行实验，并对实验结果进行了详细的分析对比，最终在计数率、峰面积、突变脉冲比例、计数率标准差等方面给出了详细的技术指标。

表 1-1　主体内容及核心研究工作

框架	分支	主要内容	章节
研究基础	脉冲形状甄别	上升时间法、脉冲斜度法	3. 1. 1
	脉冲成形	梯形成形	3. 2. 2
	堆积判弃	堆积脉冲分离、堆积脉冲识别	3. 3
关键技术	脉冲剔除技术	伪峰形成原理	4. 2
		脉冲剔除技术的原理与实现	4. 3，4. 4
		脉冲剔除技术的实验结果	4. 5
关键技术	脉冲修复技术	脉冲修复技术的理论推导	5. 2
		脉冲修复技术的硬件实现	5. 3
		脉冲修复技术的实验结果	5. 4
实验结果	实验结果分析与讨论	脉冲剔除技术的实验结果分析	6. 2
		脉冲修复技术的实验结果分析	6. 3
		突变脉冲比例分析	6. 4
		峰面积分析	6. 5
		统计涨落分析	6. 6
		稳定性实验	6. 7

1.4 主要创新点

(1)为消除全谱中因突变脉冲造成的伪峰，笔者创新性地提出脉冲剔除技术进行仿真和实验。脉冲剔除技术的核心在于对脉冲突变时刻的定位，通过对突变时刻与三角成形上升时间的对比筛选出需要剔除的脉冲。

(2)脉冲修复技术通过判零的方式确定修复条件，并通过不同修复算法的对比，选取最优的修复算法将突变脉冲修复成正常脉冲送到后续核脉冲信号处理系统中进行处理，最终达到在消除伪峰的同时也保证计数率不受损失的目的。

第二章

X 射线光谱测量装置的硬件组成

X 射线光谱测量装置的硬件组成主要包括测量系统、数字脉冲信号处理器(digital pulse signal processor，DPP)、电源电路等组件，如图 2-1 所示。

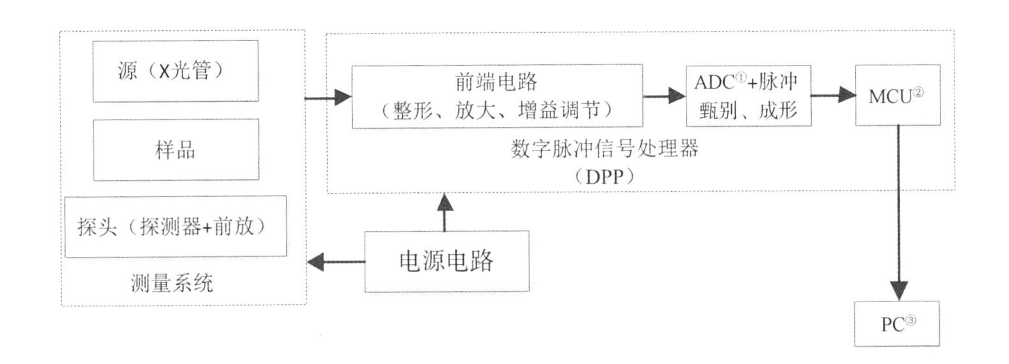

图 2-1　X 射线光谱测量装置的硬件组成

注：①ADC(analog to digital converter)，指模拟数字转换器，又称 A/D 转换器；②MCU(micro control unit)，指微控制单元，又称单片微型计算机(single chip micro-computer)或单片机；③PC(personal computer)，指个人计算机。

2.1 测量系统

图 2-1 的 X 射线光谱测量系统包括了 X 光管、样品以及探头部分，X 射线光谱测量装置机械结构如图 2-2 所示。其中，图 2-2(a)为测量装置的主视图，图 2-2(b)为测量装置的右视图，图 2-2(c)为测量装置的剖面图。X 射线光谱测量装置包含了风道、连接柱、焊接件、网圈、压圈、盖子紧固螺钉、盖子密封垫、密封胶圈、密封胶圈压圈、探测器组件、高压模块、机芯以及 X 光管组件等。

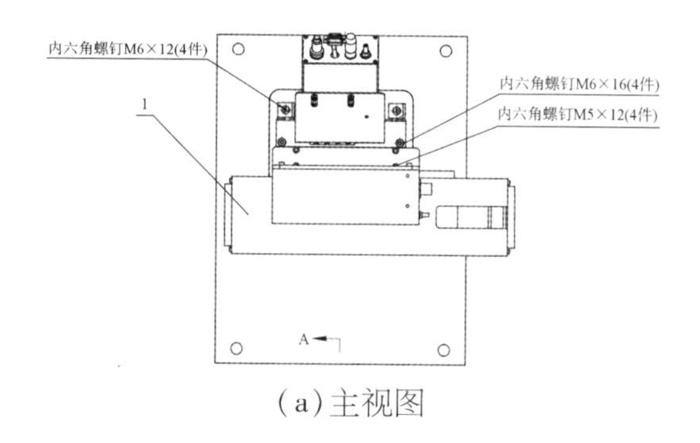

(a)主视图

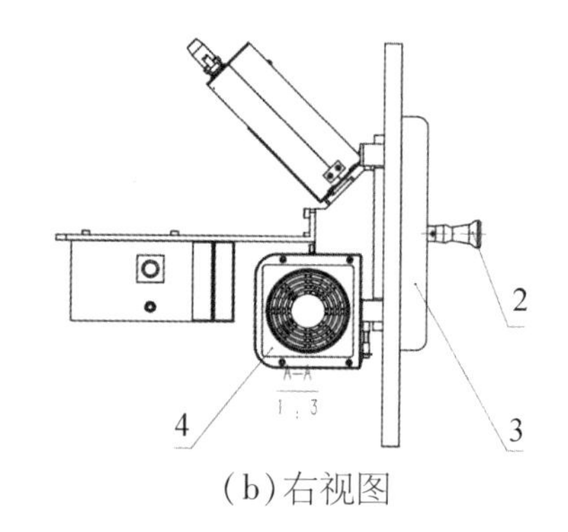

(b)右视图

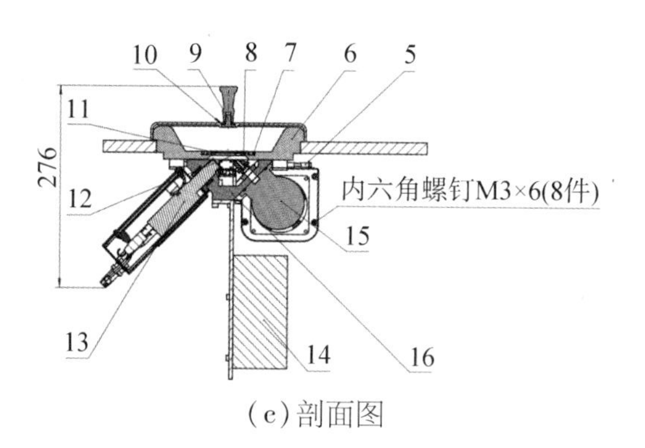

(c)剖面图

1—风道；2—盖子提钮；3—盖子；4—风道挡片；5—连接柱；6—焊接件 D；7—网圈；8—压圈；9—盖子紧固螺钉；10—盖子密封垫；11—密封胶圈；12—密封胶圈压圈；13—探测器组件；14—高压模块；15—X 光管组件；16—机芯。

图 2-2 X 射线光谱测量装置机械结构图

2.1.1 X 光管

在能量色散型 X 射线谱分析中，激发源通常采用的是同位素源和 X 光管。考虑到 X 光管在使用上更为安全，也更方便调整管压、管流等各项参数，同位素源已逐渐被 X 光管代替。X 光管的工作原理是通过在灯丝(阴极)上施加高压加速灯丝发射出的电子，电子被加速后轰击阳极靶从而产生 X 射线。X 光管的实质就是一个工作在高电压下的真空二极管，二极管包含一个阴极(发射电子)和一个阳极靶(收集电子)，并密封在一个高真空的玻璃外壳内。

根据实际需要，X 光管又分为多种类型：①功耗从 nW ~ $n\times10^3$W；②阴极(灯丝)发射电子时分为热发射和场致电子发射；③阳极可以是反射式的也可以是投射式的；④机械结构可分为侧窗式和端窗式。不管是哪种类型的 X 光管，其工作原理都是大同小异的。本研究以侧窗式 X 光管为例对 X 光管的工作原理进行简要说明。侧窗式 X 光管示意图[6]，如图 2-3 所示。

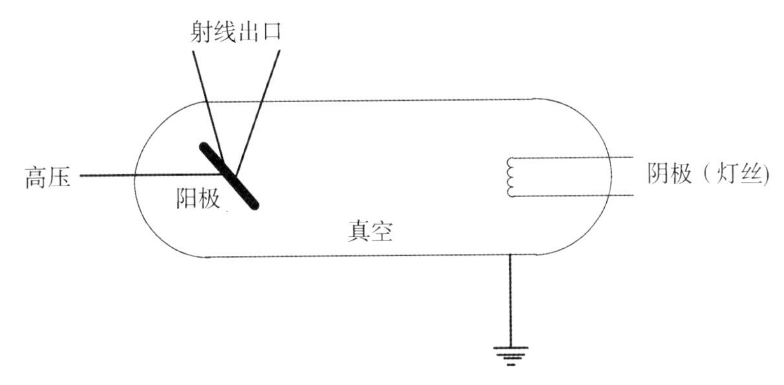

图 2-3　侧窗式 X 光管示意图

X 光管被用于产生 X 射线照射样品。X 光管的基本结构包括灯丝（阴极）、靶材（阳极）、聚焦系统、阳极罩和窗体等部分。灯丝（阴极）一般由螺旋状的钨丝组成，钨丝在外加高压作用下发射出的电子向靶材（阳极）快速运动，在与靶原子核相互作用的过程中损失能量，伴生电磁辐射，此称韧致辐射。韧致辐射所产生的电磁辐射能谱是连续的，其能量与入射电子能量动能处于同一数量级。

X 光管主要受多种因素的影响，包括 X 光管靶材及其厚度，X 光管的管压、管流等，下面将对影响因素进行详细讨论。

1. X **光管靶材**

X 光管的灯丝（阴极）产生高速电子，电子撞击阳极靶后能量损失速度降低，并通过退激和韧致辐射的形式产生 X 射线。由于不同元素的壳层之间结合能不同，因此即便是相同能量的电子在碰撞到不同元素的靶材时产生的 X 射线谱能量也不同。电子在通过韧致辐射产生 X 射线的过程中，除靶材元素外，靶厚度也会影响 X 射线的激发效率。因此，在选择 X 光管靶材时，靶材元素和靶厚度都是需要考虑的参数，通常都是通过模拟或实验的方式获得不同靶元素、不同靶厚度下的谱线变化规律来选择最恰当的靶材元素和靶厚度。

近几年，国内很多研究人员对 X 光管的靶材做出了详细的研究，并得到了很多研究成果。李鑫伟（2014）在不同靶材对能量色散 X 射线荧光光谱检测影响的研究中得出，靶材的厚度仅影响 X 射线的产额，并不会对 X 射线的能量和强度产生影响，对 X 射线的能量和强度影响较大的是靶材的元素种类[26]。曹琴琴（2013）等人采用蒙特卡洛方法对八种靶材元素产生的 X 射线性能进行了模拟，最终得到了各种靶材 X 射线激发效率与靶材厚度、所加高压的关系曲线[7]。同年，张庆贤（2013）等人选用 Ag 作为阳极靶，通过蒙卡模拟计算得出选择不同靶厚度时得到的

X 射线谱线[60]。模拟结果表明，当增加靶厚度时，测量得到的 X 射线谱中高能谱段(5 ~ 50 keV)的计数率呈先增加后减小的趋势；低能谱段(<5 keV)的计数率一直呈减小趋势。因此可以得出，增大靶厚度可以有效地降低低能谱段的计数，从而也就削弱了低能段对整个谱线的影响。这些前期的研究成果为本研究选择合适的靶材元素和靶厚度提供了参考[58]。

本研究中，X 光管最终选用科颐维 KYW2000A 型 X 光管。科颐维 KYW2000A 型 X 光管是一种低能多用途的侧窗型 X 射线管，制冷方式为风冷。科颐维 KYW2000A 型 X 光管的阳极接正高压，阴极与窗口接地；采用不锈钢外壳内衬铅，光管内灌的绝缘油主要用于高压绝缘和冷却；阳极靶材有多种材料可选，常见的有 W、Fe、Cu、Ag、Cr 等。科颐维 KYW2000A 型 X 光管实物图，如图 2-4 所示。

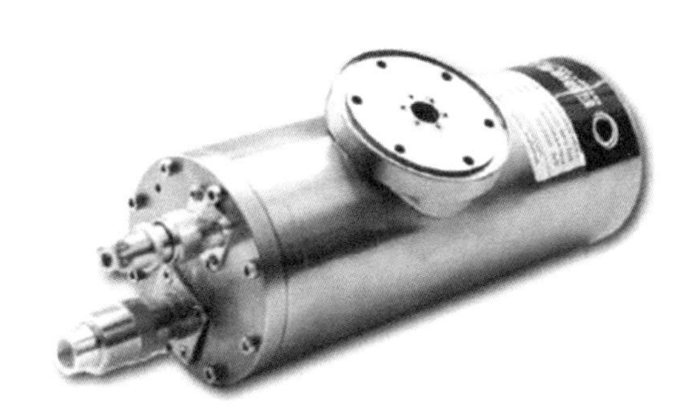

图 2-4　KYW2000A 型 X 光管实物图

在进行 X 光管的靶材选择时，通常需要考虑以下几个因素。

首先，阴极产生的高速电子撞击阳极将会在阳极产生大量的热量，因此靶材必须是具有高熔点的金属。

其次，为了在测量过程中减少干扰，靶材元素产生的特征 X 射线能量应远离待测元素的特征能量。

最后，根据李鑫伟(2014)在研究中得出的原子序数决定了 X 光管的效率和 X 射线的强度这一结论[26]，在选择靶材时也会考虑尽可能选择原子序数较高的元素，因此本研究选用 Ag 靶作为 X 光管的阳极。

2. X 光管的管压、管流

在 X 射线谱测量中，管压的平方、管流都与 X 射线的强度与成正比关系。但不同的是，管压既会影响 X 射线强度也会影响其能量；管流只影响 X 射线的强度，对其特征 X 射线的能量并没有影响。在测量中，用 X 光管照射样品，只有当 X 光管的电位升高到激发某原子能级的最小电位时，样品才能产生原子能级谱线的特征谱，随着电位继续升高，样本产生的特征谱的强度也会继续增大。因此，针对不同的测验样品选择适当的管压和管流对优化测量结果、提高谱线峰背比、降低仪器的检出限等都有重要意义。

近十年来，已经有很多研究人员对 X 光管的管压、管流进行了详细深入的研究，并得到了很多成果。李丹(2008)推导了 X 光管的管压、管流与韧致辐射连续谱强度和特征谱强度之间的关系，确定了最佳工作条件，并通过实验对其进行了验证[25]。杨强(2013)等人采用 EDXRF 技术分析白铜合金粉末样品中的 Fe、Co、Ni、Cu 元素[50]。黄丹(2014)等人用 EDXRF 法分析 Ba 元素时都是通过实验分别得到不同管压管流条件下的峰背比，从而找到管压、管流的最佳值[13]。廖学亮(2014)等人利用 EDXRF 谱仪测定大米中重金属 Cd 元素含量时，由于 Cd 元素的含量很低，采用的是高管压(50 kV)、低管流(1000 μA)的测量条件[29]。

本研究选用的科颐维 KYW2000A 型 X 光管，额定管压为 50 kV、额定管流为 0 ~ 1 mA。

2.1.2 探测器

在X射线探测系统中，探测器是整个系统的核心。要得到精确可靠的测量结果，探测器应满足以下几个指标：

(1)良好的能量分辨率以及在一定能量范围内有较高的探测效率；

(2)死时间短，计数率高且稳定性好；

(3)本底计数率低，信噪比高；

(4)能谱特性好，无伪峰，干扰峰；

(5)输出信号便于后级电路处理；

(6)寿命长，使用方便，便于保存。

AMPTEK公司提供了一系列高性能、紧凑型的X射线探测器。X射线探测器内部直接集成了包括前置放大器在内的信号处理电路，这里的前置放大器采用的是开关复位型。常见的X射线探测器包括传统的Si-PIN二极管、硅漂移探测器和肖特基二极管，其实质都是定制的光电二极管。探测器与前置放大器的输入晶体管一起安装在两级热电冷却器上。两级热电冷却器在不需要液氮致冷的情况下使探测器和晶体管保持在 −25 ℃或者更低的温度，降低了电子噪声。两级热电冷却器允许在紧凑、方便的封装中实现高性能，这对高性能便携式X射线荧光光谱分析(X-ray fluorescence，XRF)分析仪、台式XRF分析仪以及能谱仪(energy dispersive spectrometer，EDS)的发展是至关重要的。

AMPTEK公司的探测器代表了X射线光谱学中最先进的技术，提供了最佳的能量分辨率，在低能量下的最佳效率、最高计数率和最高的峰背比，所有产品都是低功耗的，适用于便携式系统、真空系统等。AMPTEK公司的产品被原型设备制造商和实验室研究人员广泛使用，其核心技术包括探测器本身（由 AMPTEK 设计制造）、低噪声结型场效应晶体管（junction field-effect transistor，JFET）技术和互补金属氧化物半导体（complementary metal orcide semiconductor，CMOS）技术以及能够在稳健系统中良好冷却的封装技术。AMPTEK 公司有几款不同的探测器共享了这些核心技术，但针对不同的应用这些探测器又进行了相应的优化。

表 2-1 列出了 AMPTEK 公司几款常用的探测器各项性能指标的对比，Si-PIN 探测器适用于中等能量分辨率和计数率的应用，它具有传统的平面结构，相比于硅漂移探测器（sillicon drift detector，SDD）而言电子噪声更大，但也更容易制造。

表 2-1　AMPTEK 公司几款常用的探测器指标对比

探测器类型	探测器面积	厚度	窗厚度	FWHM @ 5.9 keV①	峰背比②
Si-PIN	6 mm^2	500 μm	0.5 or 1.0 mil Be	139 ~ 159 eV	19 000/1 (typical)
Si-PIN	13 mm^2	500 μm	1.0 mil Be	180 ~ 205 eV	4 100/1 (typical)
Si-PIN	25 mm^2	500 μm	1.0 mil Be	190 ~225 eV	2 000/1 (typical)
SDD	25 mm^2	500 μm	0.5 mil Be	125 ~ 135 eV	>20 000/1 (typical)

续表

探测器类型	探测器面积	厚度	窗厚度	FWHM @ 5.9 keV①	峰背比②
FAST-SDD®	25 mm^2	500 μm	0.5 mil Be, C1, or $C_2Si_3N_4$	122 ~ 129 eV	>20 000/1 (typical)
FAST-SDD®	70 mm^2	500 μm	0.5 mil Be or $C_2Si_3N_4$	123 ~ 135 eV	>20 000/1 (typical)

注：①表 2-1 所有的测量结果都是在整个探测器致冷后得到的。②对 13 mm^2 和25 mm^2的 Si-PIN 探测器，峰背比是从 5.9 keV 到 2 keV 的计数率；对 6 mm^2 的 Si-PIN探测器，峰背比是从 5.9 keV 到 1 keV 的计数率。

图 2-5 形象地展示了不同探测器的峰时间与能量分辨率的关系曲线。由图 2-5 可知，Si-PIN 探测器有三种不同的探测面积。其中，6 mm^2 的探测器比另两种面积的探测器能量分辨率更好。但总体来说，SDD 和 FAST-SDD 的能量分辨率更高，FAST-SDD 还具有更大的探测面积(高达 70 mm^2)，能够以最高的计数率($>1\times10^6$ cps)运行，因此 FAST-SDD 在 XRF 领域中被广泛采用。笔者在后面所提到的应用、方法以及实验也都是基于 FAST-SDD 的。

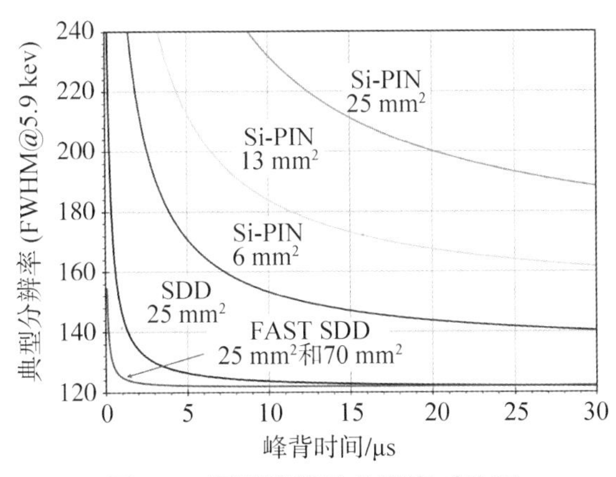

图 2-5　探测器能量分辨率对比图

AMPTEK 公司的 XR-100SDD 系列主要由新型高性能 X 射线硅漂移探测器(SDD)、前置放大器和致冷系统组成。采用热电致冷技术保持硅漂移探头的低温工作环境，而在两级热电致冷器上亦安装了输入场效应管(field effect transistor，FET)和新型温度反馈控制电路，这样探头组件的温度保持在 -55 ℃左右，并通过组件上的温度传感器显示实时温度。探头采用 TO-8 封装，并利用不透光和不透气(真空封装适用)的薄铍(Be)窗以实现封装后的软 X 射线探测。XR-100SDD 系列产品无须采用昂贵的低温致冷系统即可获得非常优越的性能，它标志着 X 射线探测器生产技术上的一个非常大的突破。

图 2-6 描述的是 FAST-SDD 探测器的原型结构图和实物图。在图 2-6(a)中，探测器、输入场效应管和一些其他元件安装在热电致冷器上，一个镍盖焊接到 TO-8 封装的探头上，为了达到最佳冷却效果，该探头在外壳内部有一个真空部分。镍盖实质是一个窗口，该窗口使能了软 X 射线检测，通常是能量大于 2 keV 的铍，对能量更低的 Si_3N_4 也是可用的。

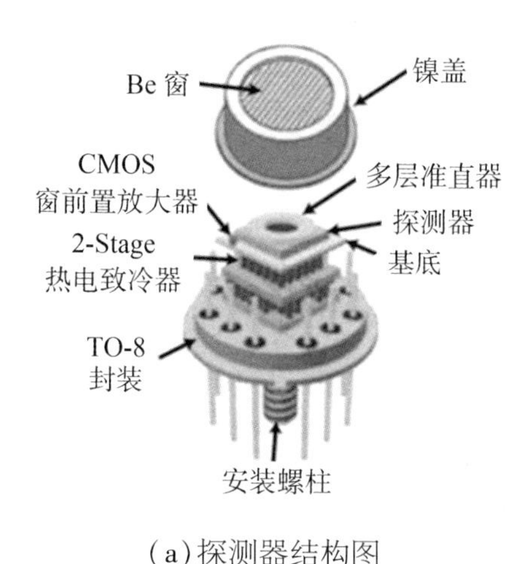

(a)探测器结构图

(b)探测器实物图

图 2-6　探测器结构图和实物图

2.1.3　样品

各种测试工作的最终目的都是测定研究对象的化学组成和相关物理特性，X 射线光谱测量也不例外。X 射线光谱测量主要是通过研究对象中元素的种类、数量及其分布来测定其化学组成和相关物理性状。但是很多情况下，这些研究对象可能并不便于甚至根本不可能进行完全测量，必须分成若干等份，或者采用多种方法进行研究。例如，对矿体上采集的岩石的元素种类及其含量分析，不可能对整个矿体进行精细测量，实际测量中，往往采取的是取出一部分岩石测试，这一部分在一定程度上能代表总体特性的物质称为样品。对样品的主要要求在于必须具有足够的代表性，能充分反映总体的被研究的这一物理量的特征。从统计学的角度出发，就要求样品的容量要尽可能大，才更具有代表性。但增大样品容量也受到测量仪器和测量整体工作量的限制，实际应用中往往需要在样品容量和测量工作量之间做一个折中考虑[6]。

在 X 射线光谱测量中所使用的样品有多种形态，包括固态(包括粉末)和液态等。不同的样品形态采用了不同的制样方法，常用的几种制样方法包括固体样品处理法、薄样制备法、液体溶液制备法、粉末压片法和玻璃片熔融法等。玻璃片熔融法是XRF的一种样品前处理技术，该技术通过将样品熔解在熔化的熔剂中，以形成易于XRF分析的玻璃片状化合物。熔融实际上可视为一种固体溶液，它有效消除样品的颗粒度效应、矿物效应和不均匀性等差异，更有利于快速、准确进行XRF等分析。但是，与玻璃片熔融法类似，薄样、液体样的制备过程都比较烦琐，因而很多情况下EDXRF法测定的样品采用的都是固体样品。在固体样品中，粉末压片样是最为常见的样品形态。粉末压片法是一种非破坏性的方法，在压片制样的过程中，样品的化学组成和物理特性都不会变化，虽然由固态被粉碎成了粉末态，但实际并没有改变，岩石样品依然还是岩石，只不过颗粒变得更小。制备粉末样品前，通常需要经过研磨、缩分、干燥和保存等四个预处理环节。

粉末样品的制备方法又包括直接装填法和压块法，过去几十年已经有大量的研究人员对粉末样品制样以及不同的样品性状做出过详细研究。本研究中可能用到的固态样品形状主要有平面形(厚度无限大)、楔形以及薄片形。平面形由于其厚度和宽度都视为无限大，因此，不再研究其最佳大小。辜润秋(2016)详细模拟了采用平面形固态样品时的最佳出射距离和最佳入射距离，楔形样品其楔形角度在20°~90°范围内变化时Cd元素$K\alpha$峰峰背比的变化情况，薄片形样品厚度变化对Cd元素$K\alpha$峰峰背比的影响[132]。最终得出，随着楔形角度的增大，$K\alpha$峰峰背比先降低，然后又呈缓慢增加的趋势，在80°时峰背比取得最大值，随后又继续降低。而薄片形样品的设计则来源于透射型光管，当测量对象为轻元素时对Cd的特征X射线的吸收较少，从而设计了薄片形样品，对薄片形样品在不同厚度时的峰背比以及Cd特征峰的计数进行模拟，根据模拟结果最后得出一个最佳样品厚度。

2.2 DPP 硬件电路设计

X 射线光谱测量系统除前一小节中介绍的由 X 光管、样品、探头组成的测量系统外，还包括一个核心单元数字脉冲信号处理器(DPP)。DPP 结构框图如图 2-7 所示，主要包括前端电路、ADC 模数转换单元、现场可编程逻辑门阵列(field programmable gate array，FPGA)脉冲处理单元和 MCU 单元。DPP 的设计包含硬件设计和软件设计：硬件设计主要是制作 DPP 电路，软件设计则是 FPGA 的系统设计和 MCU 程序开发。

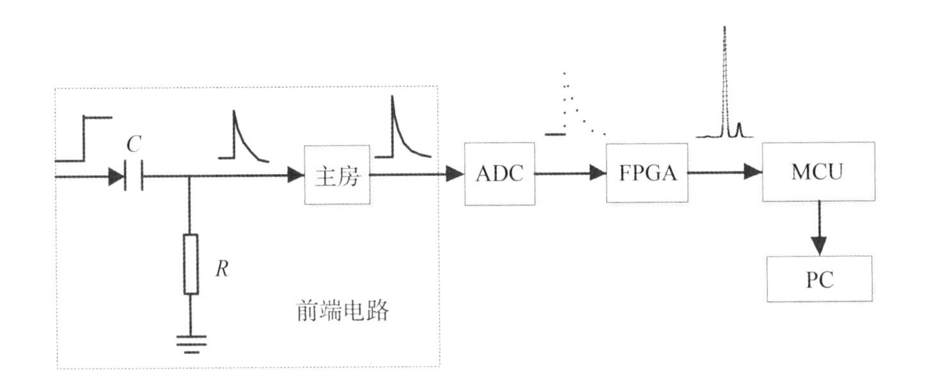

图 2-7 DPP 结构框图

2.2.1 电源电路设计

X 射线光谱测量装置包括模拟电路部分和数字电路部分。其中，模拟电路通常指的是前端电路，所需电源包括 ±9 V 和 ±5 V；而数字电路则通常是指 DPP 中 ADC、FPGA 和 MCU 等器件所需的电源，包括 1.2 V、2.5 V 和 3.3 V。

在电源电路中，输入的是 220 V 交流电，通过一个开关电源为 5 V 和 ±12 V的直流电源，然后通过稳压芯片将直流电源转换为模拟电路和数字电路所需的电源。模拟电路的电源通常采用的是线性稳压芯片 78M09 和 78M05 将 ±12 V 转换为 ±9 V 和 ±5 V；数字电路的电源则采用 AMS1117 线性稳压芯片将 +5 V 的电压转换为 1.2 V、2.5 V 和 3.3 V。AMS1117 有两个版本，固定输出版本和可调版本，固定输出电压包括 1.5 V、1.8 V、2.5 V、2.85 V、3.0 V、3.3 V、5.0 V，具有 1% 的精度。本研究所采用的电压转换电路，如图 2-8 所示。

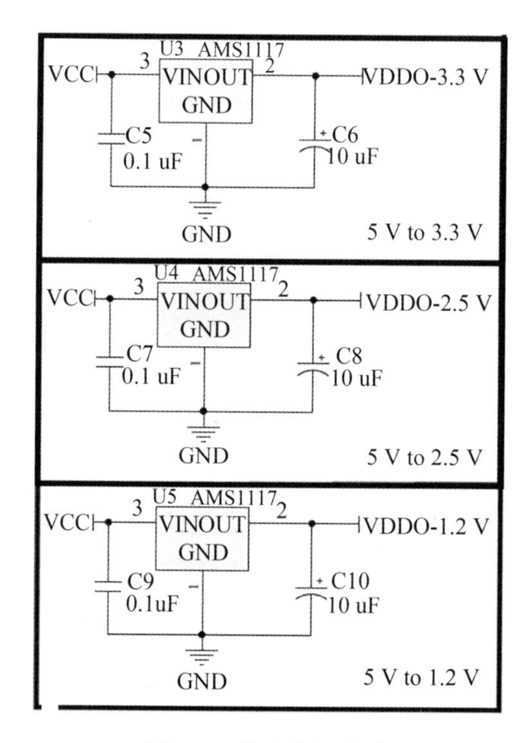

图 2-8　数字电源电路

2.2.2 前端电路设计

探头输出的信号是不断堆积上升的一系列阶跃信号，其幅度一般在几百 mV 以内，如果直接进入 ADC 电路进行采用将会大大降低采样精度，因此在 ADC 采样电路之前通常会增加一个前端电路。如图 2-9 所示，前端电路包括主放电路、偏置调节电路和程控增益放大电路，对探测器输出信号进行整形、放大。

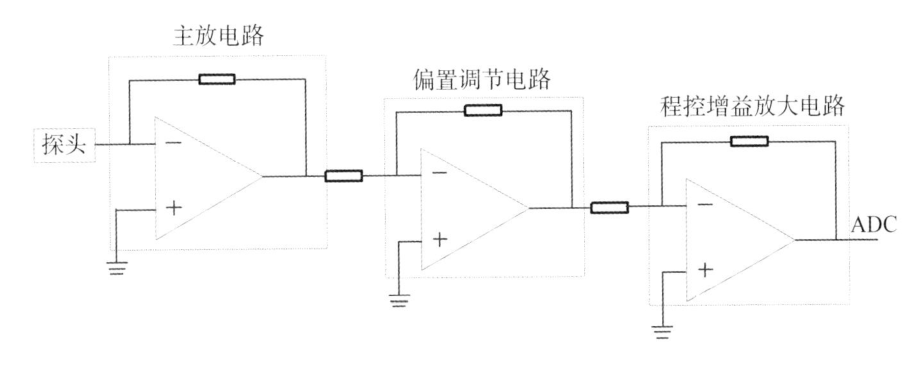

图 2-9　前端电路示意图

如图 2-9 所示，前端电路对探测器输出信号的处理流程是先整形再放大，具体来说就是通过一阶 *CR* 微分电路将阶跃信号转换为指数衰减型信号，然后经过线性放大器进行幅度放大。为了实现核脉冲信号的偏置和增益数字可调，在 *CR* 微分整形和线性放大之后的信号将接入偏置调节电路和程控增益放大电路。

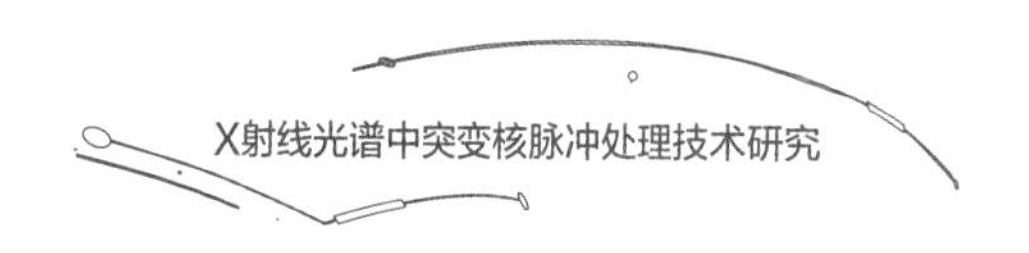

2.2.3 ADC 采样电路设计

本研究选用的 ADC 芯片是 AD 公司的 AD9235-20，分辨率为 12 位，采样率为 20MSPS，单端为 3.3 V 供电，采样范围为 0 ~ 2 V，工作温度范围为 −40 ~ +85 ℃，功耗低于 300 mW。ADC 采样电路的主要功能是将连续的模拟信号转换为离散的数字信号，转换过程包括采样、保持、量化和编码四个步骤。

AD9235-20 支持差分输入和单端输入两种方式。由于差分输入更能够发挥 ADC 的性能，通常采用的输入方式就是差分形式。输出数据则通过 MODE 引脚来配置。ADC 采样电路的原理图，如图 2-10 所示。

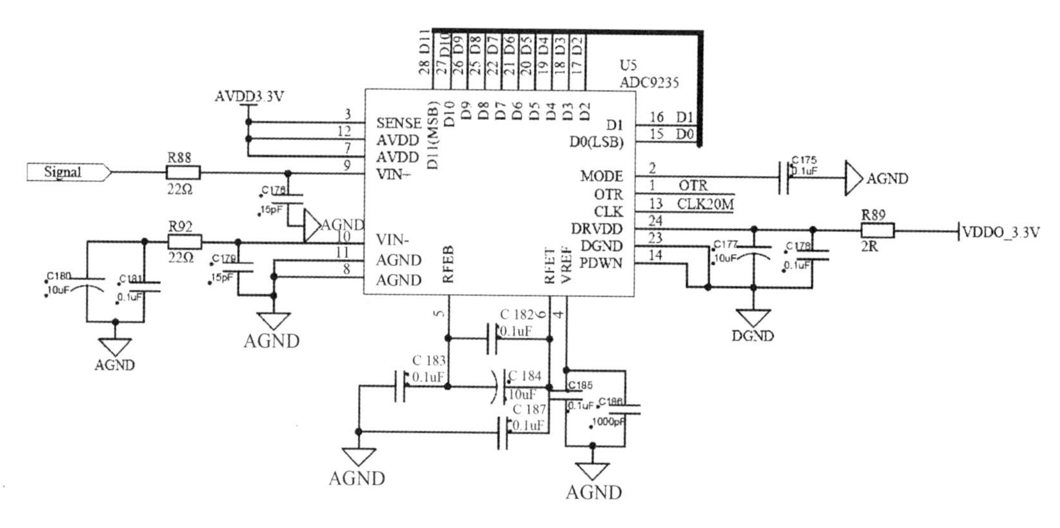

图 2-10　ADC 采样电路的原理图

2.2.4 FPGA 电路设计

FPGA 电路作为 DPP 的核心部分，主要完成对 ADC 采样数据的缓存、甄别、成形处理和传输等任务。FPGA 电路的功能具体如下：

(1)产生 ADC 和 MCU 的工作时钟，分别为 20 MHz 和 8 MHz；

(2)实现 ADC 采样数据、成形结果的缓存；

(3)实现谱数据双口随机存储器(random access memory，RAM)缓存；

(4)通过 SPI 与 MCU 进行通信。

本研究选用的是 Xilinx 公司 Spartan-3 系列的 XC3S400 型 FPGA，其内部资源包括多电压、多标准的 Select IO 口、充足灵活的逻辑资源、层级 Select RAM 存储构架、4 个数字时钟管理器。FPGA 的外围电路则包括最小系统、ADC 数据接口、串行外设接口(serial peripheral interface，SPI)数据通信接口和联合测试工作小组(joint test action group，JTAG)配置电路等四个部分，如图 2-11 所示。

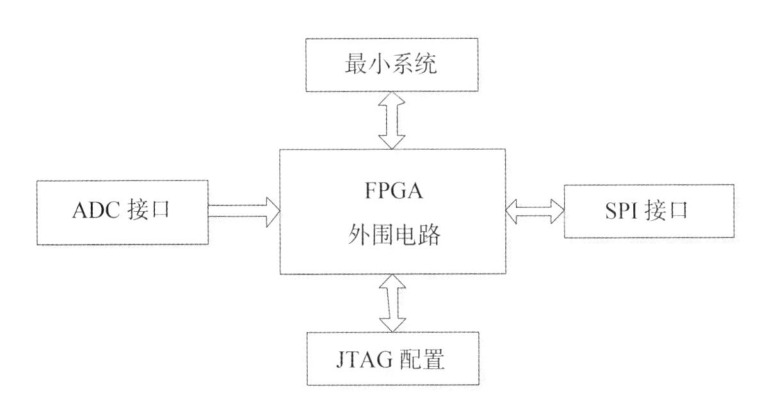

图 2-11 FPGA 外围电路示意框图

2.3 本章小结

本章详细介绍了X射线光谱测量系统的硬件组成，包括X光管、探测器、样品等核心部件。考虑到实际应用的需求，X光管最终选用的是科颐维KYW2000A型光管，并以Ag靶作为X光管的阳极靶。选择探测器时，通过对Si-PIN探测器、SDD、FAST-SDD的对比，最终选择AMPTEK的FAST-SDD。FAST-SDD探测器采用电制冷方式，体积更小，具有更大的探测面积(高达70 mm^2)，能够以最高的计数率($>1\times10^6$ cps)运行，同时还具有更好的能量分辨率和峰背比。在样品的制备上，本研究采用粉末压片法。此外，为了提高测量系统的探测效率，DPP的硬件电路设计也至关重要，前端电路、ADC和FPGA的选型直接决定了测量系统的探测效率和计数率。

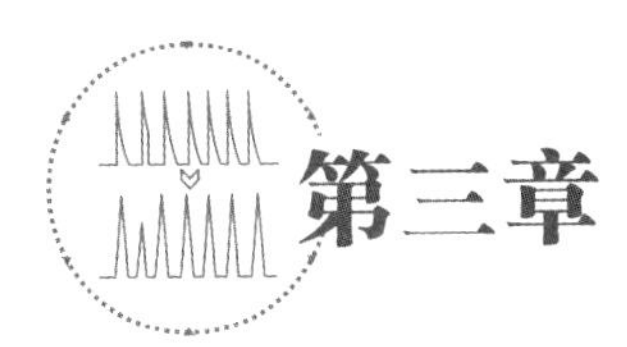

第三章

核脉冲信号数字处理方法

在 X 射线测量中，为了得到更加精细的谱图，计数率和能量分辨率都是非常重要的测量指标。正如前面所说，目前很多探测器的能量分辨率都已接近其固有分辨率，因此本研究主要从伪峰剔除和计数率两个方面深入讨论和分析。伪峰剔除的目的是确保得到更加精确的测量结果；而计数率方面，不仅仅要求高计数率，也要求高稳定性和高可靠性。要获得计数稳定、可靠的能谱图，除了降低测量系统本身的干扰以外，在核脉冲处理环节对开关复位型前置放大产生的突变脉冲采用相应的脉冲处理方法进行处理也是至关重要的。

通常来说，核脉冲信号处理的基本过程包括以下几个环节：首先，探测器将微弱的核脉冲信号收集起来，并以电荷的形式输出到前置放大器进行放大，转换成更加适合在电缆中传输的电压信号或者电流信号。其次，前放对探测器输出信号的放大并不明显，因此前放输出的信号还必须经过主放放大到更加适合测量的范围。最后，为了保证被放大信号的有效性，通常会在主放之前增加滤波电路(包括 *CR* 微分电路、极零相消电路等)，前放输出信号经过前端滤波电路处理后通过主放大器进行多级放大，主放输出的信号由高精度 ADC 进行模数转换，转换后的数字量全部由 FPGA 的数字信号处理单元进行处理。

为了得到稳定、可靠的计数率，在核脉冲信号处理环节中，针对突变核脉冲信号提出了脉冲剔除技术和脉冲修复技术这两项技术。这两项技术相辅相成，脉冲剔除技术其本质是为了得到真实的计数率，剔除掉突变脉冲，但由此带来了计数损失；而脉冲修复则是在计数率不受损失的前提下修复突变脉冲，消除伪峰。脉冲剔除技术和脉冲修复技术的实现需要以脉冲形状甄别、数字脉冲成形以及堆积判弃为基础[133]，因此本章主要对上述内容进行详细介绍。

3.1 上升时间甄别方法

目前，已经有许多脉冲形状甄别方法被应用到 X 射线光谱测量中。脉冲形状甄别法又分为基于模拟技术的脉冲形状甄别法和基于数字技术的脉冲形状甄别法。基于模拟技术的脉冲形状甄别方法一般都需要相关的电路系统，即随着探测器增加，相应的电路系统会变得极为庞大，给后端电路系统设计增加了难度与成本，同时也增大了仪器体积。此外，电路设计更加复杂也会导致系统稳定性降低。基于数字技术的脉冲形状甄别方法一般通过数字信号处理芯片来实现，如现在常用的 FPGA 芯片，从探测器获得的信号先经过高速 ADC 进行模拟到数字化的转换，再送入数字信号处理芯片进行信号甄别。基于数字技术的脉冲形状甄别方法具有高效性，甄别程度高，电路系统设计简单，电路稳定性好，后期调试优化也更为方便，目前已经得到了广泛应用。

随着模拟技术和数字技术的发展，脉冲形状甄别的相关算法也在不断改进优化。本研究介绍一种常用的脉冲形状甄别方法，称为上升时间甄别方法。上升时间甄别方法既可以通过数字技术实现，也可以通过模拟技术实现。

3.1.1 上升时间甄别方法的发展历程

多年以来，上升时间甄别方法被广泛应用于闪烁探测器领域，诸如 SDD、FAST-SDD、硅探测器等半导体探测器也采用了上升时间甄别方法来对核脉冲信号进行处理，并开展了很多研究。上升时间甄别方法利用硅探测器能量和脉冲上升时间信息实现粒子鉴别，显著降低了入射粒子的鉴别阈值。硅探测器的脉冲形状甄别研究可以追溯到 1963 年，Ammerlaan 利用锂漂移硅探测器的脉冲形状信息，实现了 α 粒子和氚核的鉴别[76]。但是随后发展缓慢，主要原因是模拟电子学难以精确提取脉冲信号的上升时间。

3.1.2 上升时间甄别方法的甄别原理

脉冲的上升时间实质上等效于载流子的收集时间，该时间取决于入射粒子的种类。上升时间甄别方法的甄别原理即通过提取带电粒子在探测器中沉积的能量和脉冲上升时间实现粒子种类的鉴别[27]，其核心技术在于取得脉冲幅度 A 以及对幅值 A 的 10% 定义为 t_{start}时刻、幅值 A 的 90% 定义为 t_{stop}时刻。得到的 t_{start}时刻和 t_{stop}时刻越精确，脉冲上升时间的计算就越准确，如图 3-1 所示。

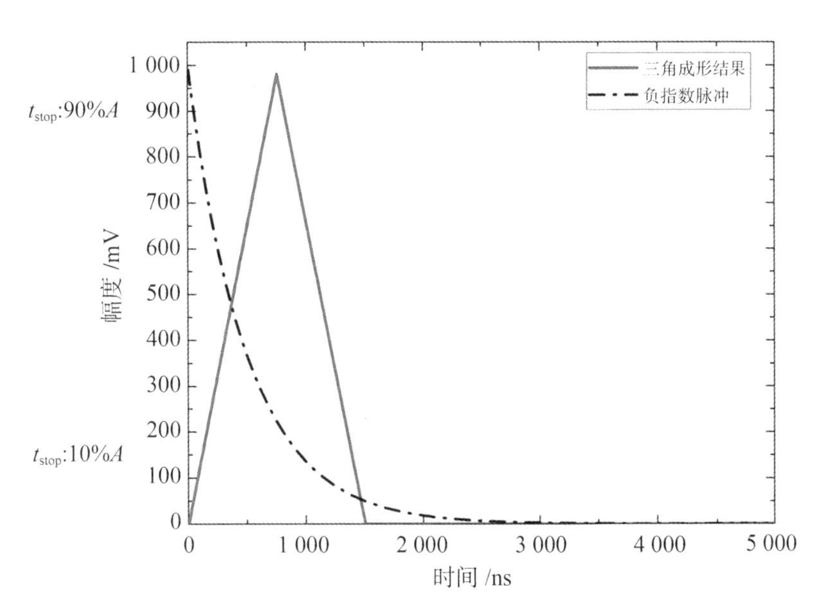

图 3-1 上升时间甄别方法的甄别原理

3.1.3 上升时间甄别方法的实现

在数字电子学中，脉冲信号上升时间的提取是非常简单的，如图 3-2(a)所示，带电粒子在硅探测器上产生的脉冲信号经过前置放大器处理后，送入数字脉冲信号处理器经主放放大到高精度 ADC 的工作区间内，再由数字化之后的二进制序列得到幅值 A，并如前面所述确定 t_{start} 时刻和 t_{stop} 时刻之间时间间隔为脉冲的上升时间。t_{start} 时刻和 t_{stop} 时刻的定时精度由采样间隔 t_{clk} 决定，因此，为了进一步提高定时精度，最简单直接的方法是提高 ADC 的采样频率，但采样频率的提高对整个电路的时钟要求也会变高，对 FPGA 存储采样结果的存储容量要求也会变高。鉴于硬件电路的种种限制，不可能无限制地增加采样频率，因此在采样频率保持不变的情况下，通过在离散的采样点之间采用线性内插法增加采样点，从而获得更加精确的定时时刻。采用这种方法获得的时间分辨率远高于采样间隔决定的时间分辨率[24]。

在模拟电子学中，上升时间测量电路的组成如图 3-2(b)所示，其甄别过程涉及的电路包括前置放大器、跨阻反馈放大器、恒比定时甄别器(constant fraction discriminator，CFD)、时间差计算器、脉冲成形电路、模数转换电路(ADC)等。前放的输出信号分成两路送入两个 fraction 分别为 10% 和 90% 的恒比定时甄别器，以两路信号的时间差作为上升时间。采用这种方式求出的脉冲上升时间其精度完全受限于电路本身，任何一个环节引入的噪声或产生了干扰都会对最终的测量结果造成影响，且不易于消除。

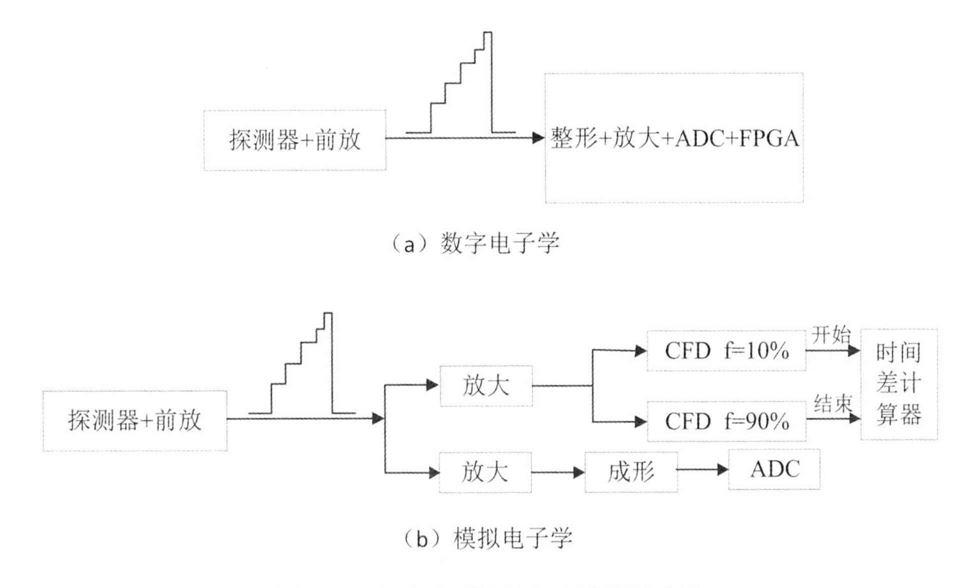

（a）数字电子学

（b）模拟电子学

图 3-2　上升时间甄别方法的测量电路

相比于模拟电子学，数字电子学的上升时间甄别方法的电路结构更为简单，所有的信号处理算法完全在 FPGA 中通过软件编程实现，方便更改、调试，通过对算法的修改可以灵活提取能量、时间、脉冲形状等相关信息。因此，数字电子学的上升时间甄别方法在当今核测量领域已经取得了广泛的应用，并且已经逐步取代了模拟电子学中的脉冲甄别法。

3.2 数字脉冲成形方式

不同的探测器，其响应速度、探测效率都不尽相同。本研究以 FAST-SDD 探测器为例对数字脉冲成形进行分析。FAST-SDD 探测器输出一个幅度不断上升的阶跃脉冲序列，该脉冲序列经过 CR 微分电路的处理后得到一个较为理想的负指数脉冲信号，对该负指数脉冲信号进行数字化处理得到离散化的数字量存储在 FPGA 中。为了降低电子学噪声并提高脉冲信号的信噪比，FPGA 还需要对数字脉冲序列进行成形处理。

3.2.1 成形方式

以往常用的数字脉冲成形算法包括梯形成形方式(三角成形方式)、高斯成形方式、1/f 成形方式以及尖顶成形方式，关于这些成形方式前人都已经做了很多研究并在相关文献上进行了公开发表。例如，Jordanov 等人对高分辨率辐射谱中数字脉冲的梯形成形方式进行详细的描述，并对同一个输入信号采用不同的卷积法、不同的延迟时间进行模拟，将最终得到的不同的脉冲形状进行分析[118]。2003 年，Jordanov 等人讨论了 1/f 噪声存在时实时脉冲成形器对权重函数(weight funetion，WF)的数字控制方式，同时描述了一种采用多种权重函数的脉冲成形技术，该技术适用于多种噪声分布下的最优噪声抑制[121]。2016 年，洪旭等人在高斯脉冲成形算法的基础上引入了截止频率和品质因子，并就脉冲成形参数对成形幅度、成形宽度的影响进行了讨论[18]。2017 年，杨剑详细叙述了尖顶成形在高纯锗数字多道脉冲幅度分析系统中的应用[51]。而对尖顶脉冲的成形方式，早在 2015 年，国外的 Jordanov 等人就进行了详细介绍，描述了有限指数尖顶合成的数字脉冲处理方法，将理想尖顶的无限指数拖尾直接去掉然后设置为零，使之成为有限的指数衰减尖顶[122]。尖顶脉冲在 FPGA 中实现时，其指数运算所使用的浮点算术是难以实现的。此外，由于浮点类型的数据在 FPGA 中进行存储是有位宽限制的，当一个比较小的数和一个很大的数相加时产生误差，这些误差成倍传播和积累就会导致数值溢出[39]。

2011 年，Menaa 测试了包括梯形成形方式、1/f 成形方式、尖顶成形方式以及高斯成形方式在内的四种数字脉冲成形器，并证明它们能够影响系统的能量分辨率和计数率性能[107]，成形结果如图 3-3 所示。

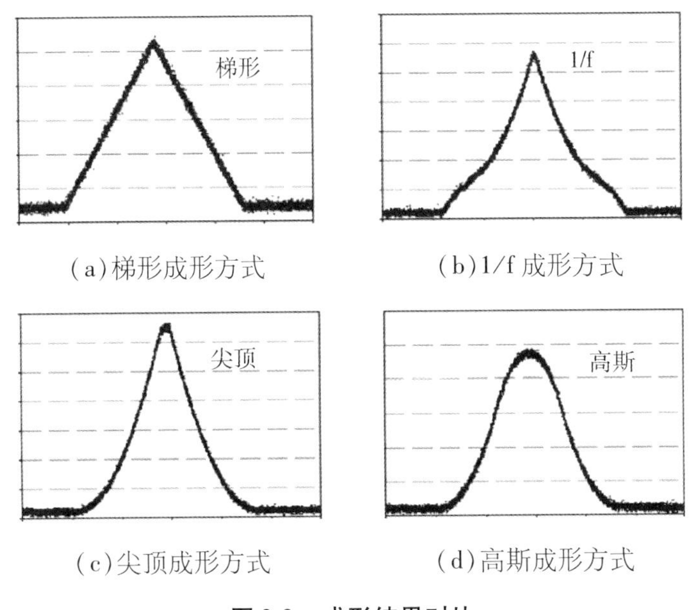

(a)梯形成形方式　(b)1/f 成形方式

(c)尖顶成形方式　(d)高斯成形方式

图 3-3　成形结果对比

分析梯形成形、1/f 成形、尖顶成形和高斯成形的成型结果，可以得出，尖顶成形对低频噪声应用是最好的，其中系统噪声主要由串联(电压)和并联(电流)白噪声源组成。噪声通常由前置放大器电子噪声控制，其中存在少量闪烁(1/f)噪声。1/f 成形对硅 X 射线的应用很有价值，此时 1/f 噪声是总噪声的主要贡献者，这种情况通常发生在当较长的成形时间被用来限制来自串联(电压)噪声源的贡献，并且并联(电流)噪声源在这种成形方式下不显著时。在相同达峰时间下，高斯成形比梯形成形具有更好的滤波能力，但高斯成形的信噪比(S/N)在典型噪声条件下却不如梯形成形，所以高斯成形方式的主要价值在于那些仍使用模拟信号调理方法的应用场合。而在计数率较高的应用场合，梯形成形方式相比其他成形方式而言能更好地分离堆积脉冲，更好地兼顾能量分辨率和计数率。

梯形成形、1/f 成形、尖顶成形和高斯成形这四种成形方式中，其中一种在某些噪声、电荷收集和速率情况下可能是有利的，而另外三种在其他不同条件下可能又是优选的。通过对上述四种成形方式的对比，可以发现 1/f 成形和尖顶成形实现过程较为复杂；高斯成形实现起来比较容易且有较好的滤波效果和噪声抑制能力，但却不利于堆积脉冲的甄别；梯形成形易于实现，形状简单且易于甄别堆积脉冲，能够兼顾能量分辨率和计数率两项参数。因此，数字脉冲成形方式选择梯形成形方式，以梯形成形方式为研究基础，提出脉冲剔除技术和脉冲修复技术，这两项脉冲处理技术作为本研究的两个主要内容，同时也是本研究的创新点。

3.2.2 梯形成形方式的函数模型

梯形成形方式涉及的参数的仅包含梯形平顶斜率和平顶时间，调节方便。当平顶时间为零时，梯形成形方式也称为三角成形方式。梯形成形方式的实现常用 z 变换法和卷积法。

z 变换法是将梯形脉冲在时域上的表达式离散后作 z 变换得到其传递函数，再对得到的传递函数作逆 z 变换，得到梯形成形方式的时域表达式。在 z 变换推导过程中得到一些参数往往都不是整数，在 FPGA 中实现也较为困难。

卷积法的实质是利用负指数信号分别与矩形函数、锯齿函数卷积求和得到各自响应函数，然后再将响应函数做线性组合，当结果为梯形脉冲时，就可得到满足条件的线性组合参数具体值，最后推导出梯形脉冲成形的响应函数。在理论推导或者软件模拟中，卷积法是最常用也是最简单的梯形成形方式。

但是在硬件实现中，输入信号往往是通过高精度 ADC 以一定的采样频率采集得到的离散脉冲序列，将采样频率作为单位测量周期，那么原始的关于时间 i 的输入信号则可以写成 $v(i)$。卷积法在离散域的实现则包含以下几个步骤。

(1)合成负指数信号与门函数卷积的递推算法，指数衰减信号与门函数的卷积相当于均线移动，递推形式可表示为

$$p(n)=p(n-1)+v(n)-v(n-l),\ n\geqslant 0 \tag{3-1}$$

式中，$v(n)$是时间 n 对应的幅度值；$v(n-l)$是 n 之后相隔 l 处对应的幅度值，定义 l 为卷积函数的长度；偏移量为0，输出信号的偏移初始条件可以定义为

$$v(n)=0,\ n<0 \tag{3-2}$$

(2)定义输入负指数信号与锯齿函数的递推卷积算法，假设斜边的斜率相同，卷积法的递推形式为

$$r(n)=r(n-1)+p(n)-v(n-k')k,\ n\geqslant 0 \tag{3-3}$$

式(3-3)中，$p(n)$代表的是长度为 k 的均线移动；k'是一个延时参数。当 k' 取值不同时，得到的脉冲响应也不同。图 3-4 分别展示了 k'取不同值时得到的脉冲响应。当 $k'>k$ 时，脉冲响应结果如图 3-4(a)所示；当 $k'<k$ 时，脉冲响应结果如图 3-4(c)所示；本研究取 k'与 k 相等，脉冲响应结果如图 3-4(b)所示[133]。

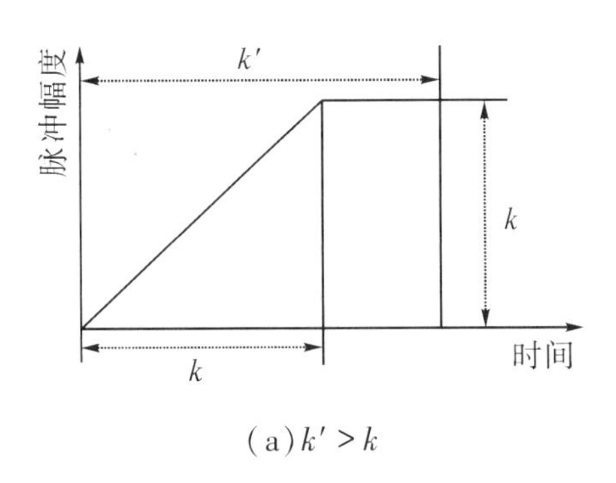

(a) $k'>k$

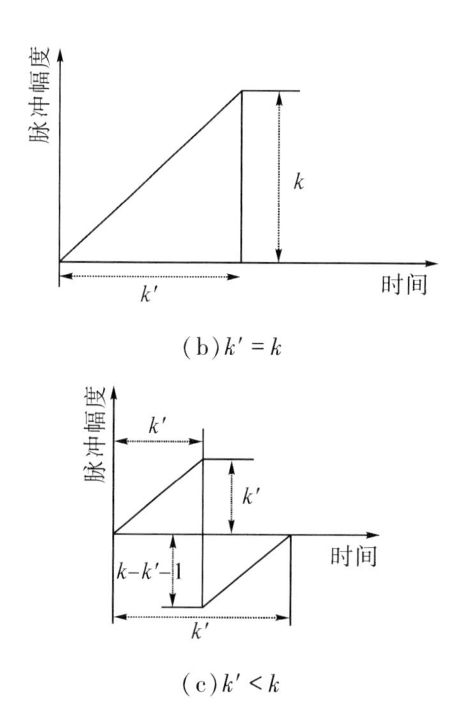

(b) $k'=k$

(c) $k'<k$

图 3-4　k'取不同值时，脉冲的响应图

采用高阶多项式锯齿函数的递推卷积算法可以类似表示为锯齿斜坡。例如，一个锯齿卷积函数$\frac{k^2+k}{2}$，可以写成如下的递推形式：

$$u(n)=\sum_{l=0}^{n}\left\{\sum_{i=0}^{l}\left[\sum_{j=0}^{i}v(j)-v(j-k)-v(i-k')k\right]-v(l-k)\frac{k^2+k}{2}\right\}$$

或

$$u(n)=u(n-1)+r(n)-v(n-k)\frac{k^2+k}{2},\quad n\geqslant 0 \tag{3-4}$$

式中，$r(n)$是长度为k的锯齿函数卷积结果。高阶多项式卷积函数要求大整数的运算，从而导致系统的复杂度增加。因此，本研究将重点放在矩形和锯齿函数的冲激响应上，前面讨论过梯形成形器在连续时域上的响应在离散时域上可以写成递推算法的形式。假定采样指数信号衰减时间常数等于M，输入脉冲的成形参数也等于 M，梯形(三角)成形的上升时间设定为 k，平顶时间为 $m=l-k$，从而输入信号的系统响应可以写成

$$s(n)=r(n)+Mp(n)+(k-M)p(n-k)-r(n-l) \tag{3-5}$$

根据式(3-1)和式(3-3)的输入信号分别与门函数、锯齿函数卷积的递推结果，输入信号的条件响应系统可以表达为

$$\begin{aligned} s(n)=&\sum_{i=0}^{n}\{\sum_{j=0}^{i}[v(j)-v(j-k)]-v(i-k)k\}+M\sum_{i=0}^{n}[v(i)-v(i-l)] \\ &+(k-M)\sum_{i=0}^{n}[v(i-k)-v(i-l-k)] \\ &-\sum_{i=0}^{n}\{\sum_{j=0}^{i}[v(j-l)-v(j-k-l)]-v(i-k-l)k\} \end{aligned} \tag{3-6}$$

设

$$d^{k,i}(j)=v(j)-v(j-k)-v(j-l)+v(j-k-l) \tag{3-7}$$

将式(3-7)代入式(3-6)，得

$$s(n)=\sum_{t=0}^{n}\sum_{j=0}^{t}d^{k,j}(j)+d^{k,i}(i)M \tag{3-8}$$

式(3-8)写成的递推形式为

$$s(n)=s(n\text{-}1)+p'(n)+d^{k,l}(n)M,\ n\geqslant 0 \tag{3-9}$$

式中，

$$p'(n)=p'(n-1)+d^{k,j}(n),\ n\geqslant 0 \tag{3-10}$$

式(3-9)为梯形(三角形)成形方式的递推算法模型，该算法可以通过输入的指数信号与门函数、锯齿函数卷积输出一个递推的梯形(三角形)信号。

其中，k 为梯形的斜边长度，l 为斜边长度加上梯形上部的平顶宽度。当 $k=l$时，输出信号为一个三角形。

输入脉冲的成形参数与成形脉冲的形状有关，当成形参数比输入信号衰减时间常数 M 大时，成形后的脉冲平顶将会出现右倾以及俯冲；相反，当成形参数比输入信号衰减时间常数 M 小时，成形后的平顶会出现左倾；当且仅当成形参数等于输入信号衰减时间常数 M 时，成形脉冲平顶光滑[70]。

根据式(3-9)和式(3-10)，可以用 FPGA 硬件电路或者专用集成电路(application specific integrated circuit，ASIC)模块组建一个精密的脉冲处理电路。本研究采用的核脉冲信号处理部分的硬件电路也是采用 FPGA 硬件电路或者 ASIC 模块组建的脉冲处理电路实现的，梯形成形方式通过延时线、加法器、减法器和累加器将数字化的指数脉冲转变成一个对称的梯形脉冲。

3.2.3 梯形成形方式的仿真结果

通过 Matlab 软件实现了梯形成形方式的仿真，仿真对象为 Matlab 模拟产生的负指数信号，仿真软件界面如图 3-5 所示。

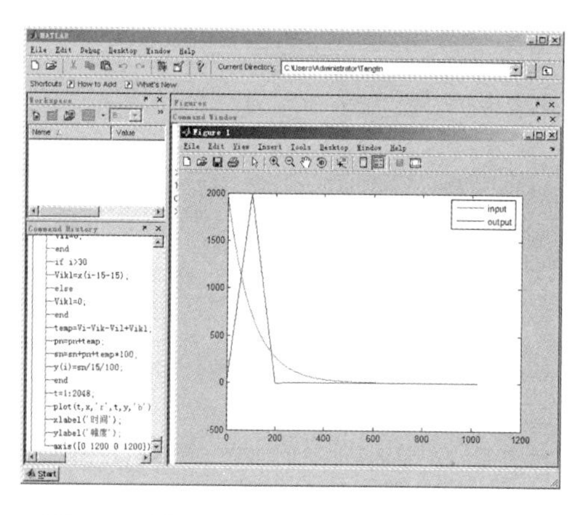

图 3-5　梯形成形方式的仿真软件界面

当输入信号为Matlab模拟得到的理想负指数信号时，模拟的负指数信号的计算为

$$X(i)=1\ 000\times\exp\left(\frac{-i}{\tau}\right),\ i\geqslant 0 \tag{3-11}$$

式中，$X(i)$为输入的理想负指数信号；i为采样时间单元。

定义梯形成形函数为function trapezoidal shaping(k，l，m，τ)。其中，k为上升时间，l为上升时间加平顶宽度，m为下降时间，τ为式(3-11)中的时间常数，取$k=l$，平顶宽度为0，成形结果如图3-6所示。

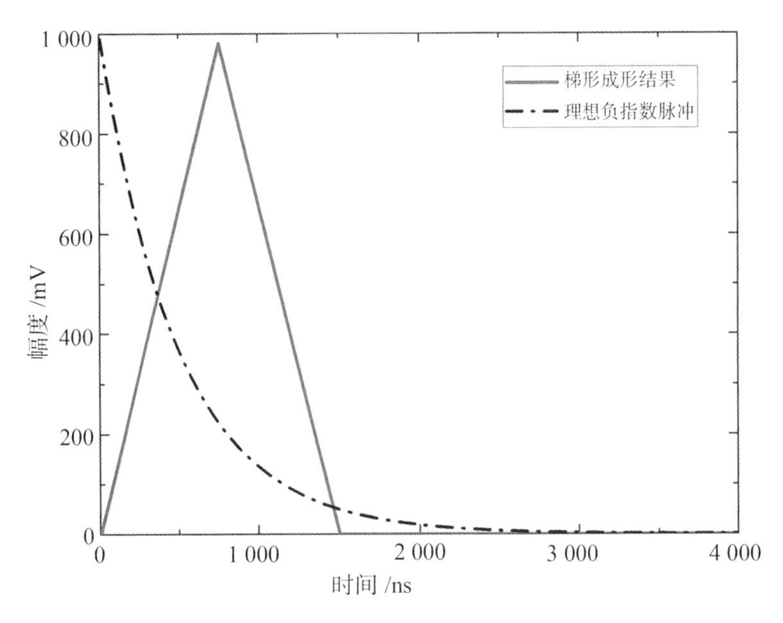

图3-6　模拟的理想负指数单脉冲梯形成形结果

如图3-6所示的成形结果是独立脉冲的成形，脉冲之间没有堆积部分，也不存在噪声干扰。但实际测量中得到的脉冲序列会有大量的堆积脉冲，同时还存在噪声干扰。

如图 3-7 所示的堆积脉冲是从实际测量结果的脉冲序列中截取出的一段，成形之前的两个脉冲有堆积现象，但通过选择恰当的成形参数得到的成形结果有效地分离了堆积脉冲。图 3-7 中的两个脉冲堆积并不算严重，通过选择恰当的成形参数就可以实现堆积分离。但在测量中还有很多严重堆积甚至完全堆积的脉冲，这些堆积脉冲是无法通过成形分离的，关于更详细的堆积脉冲处理方法，将在堆积判弃的内容中进行重点介绍。

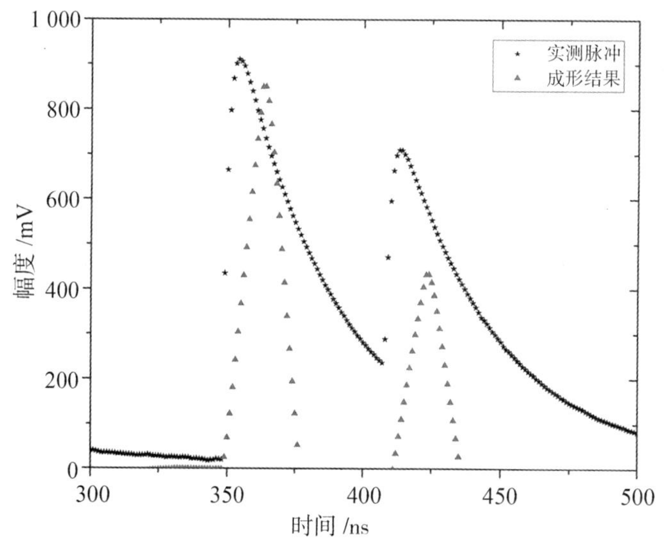

图 3-7　堆积脉冲的成形结果

3.3 脉冲堆积

由于核素衰变是随机的，探测器输出的核脉冲信号也是随机的，两个相邻的核脉冲信号在测量系统的最短分辨时间内同时到达，而这些脉冲都是有一定时间宽度的，这就造成相邻脉冲产生了重叠部分，也称脉冲堆积，如图 3-8 所示。

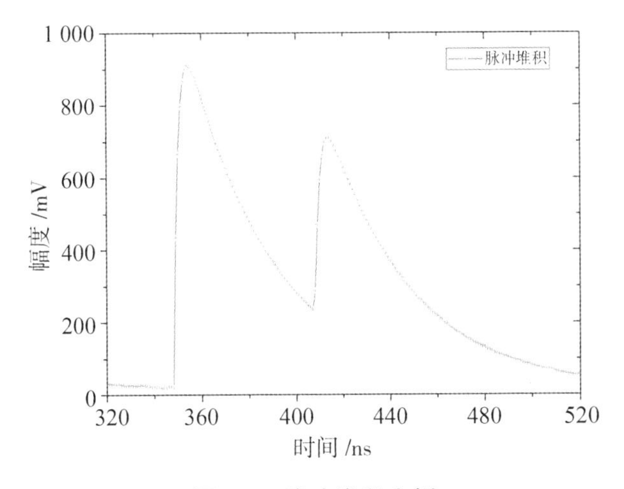

图 3-8　脉冲堆积实例

在计数率较高的应用背景下，随机核事件大量增加，相应的核脉冲信号数量也大幅增加，发生脉冲堆积的可能性就随之增大。如果不对堆积脉冲进行处理，将会影响测量结果的能量分辨率、计数率和准确性。目前，关于脉冲堆积处理的研究主要包括以下两种方法。

第一种是直接剔除掉堆积脉冲法。1983 年，王经瑾等人提出了直接剔除掉堆积脉冲法。这种方法虽然可以提高能量分辨率，但由于丢弃了部分脉冲，也损失了计数率，影响了最终测量的精密度[37]。针对此缺陷，在此后多年里很多学者也提出了相应的解决办法。1995 年，Richard M. Lindstrom 和 Ronald F. Fleming 论述了修正的 Wyttenbach 软件校正法、堆积丢弃法和死时间校正法在伽马测量系统中对脉冲丢失校正[111]。2004 年，Yaron Dano 等人针对 X 荧光分析系统提出一种利用一个能谱峰和系统总计数率的方法，对死时间和堆积脉冲引起的脉冲丢失进行修正[127]。

第二种是脉冲成形分离堆积脉冲法。部分学者提出了通过脉冲成形来分离堆积脉冲的方法，在核脉冲信号处理环节中，脉冲成形是决定谱测量结果的关键技术之一，恰当的成形方式与成形参数的选择可以分离堆积脉冲，提高计数率。2008 年，弟宇鸣等人通过高斯拟合幅度变化曲线得到的参数对堆积脉冲进行数字化识别[9]。2010 年，M. Nakhostin 利用数字高斯成形方法，对锗探测器中堆积脉冲作了恢复[99]。2010 年，Katsuyuki Taguchi 利用蒙特卡洛模拟了碲镉光子计数探测器中 X 射线发生堆积的模型，并利用这一模型对实测的谱线进行校正[95]。2011 年，Paul A. B. Scoullar 提出一种基于模型的信号处理算法，并在 FPGA 中实现[109]。基于模型的信号处理算法能够准确记录脉冲的数量、到达时间及能量，即使存在多个堆积脉冲时，也能进行能量和到达时间的恢复。

前面所述的脉冲丢失校正和堆积脉冲分离两种方法虽然都可以一定程度上解决堆积脉冲造成的能量分辨率低、计数率受损失的问题，但在实际应用中两种方法都存在相应的困难。第一种丢弃堆积脉冲后再进行丢失校正的方法要求测量系统能够准确测量出系统死时间，死时间的测量前人已经做了很详细的研究[11]，通常都需要很复杂的硬件电路或者算法才能实现。第二种采用脉冲成形分离堆积脉冲的方法要求测量系统能够准确提取堆积脉冲的幅度，因此需要选择合适的滤波成形算法得到核脉冲信号真实幅度。梯形脉冲成形能够快速回到基线，适用于堆积脉冲分离，并且能够恢复堆积脉冲真实幅度，再结合脉冲宽度测量方法，对满足宽度范围的堆积脉冲进行幅度甄别，进而减小堆积脉冲的丢失，提高计数率，同时又不损失测量系统能量分辨率。

本书关于脉冲堆积以及堆积产生的加和峰的研究主要包括通过成形参数的调整实现堆积脉冲分离、通过快慢通道的方法校正计数率以及通过脉冲宽度筛查来剔除堆积脉冲。

3.3.1 成形参数

前面提到的几种成形方式里面，梯形成形方式具有分辨率高、参数调节性好的优点，除了具有滤波功能外，它更重要的一个作用是在高计数率条件下分离堆积脉冲。本研究在梯形成形方式的理论基础上，以如图 3-9 所示的一个实测脉冲序列为例研究了不同的梯形成形参数与堆积脉冲分离的关系。

图 3-9 的实测脉冲序列中包含了 pulse1 ~ pulse4 四个堆积脉冲，但四个堆积脉冲的堆积程度各不相同。采用恰当的梯形成形参数，部分堆积脉冲可以在一定程度进行分离。假定梯形成形的上升时间为 $n_a=16$，平顶宽度为 $n_b-n_a=8$，成形脉冲宽度为 $n_c=40$。通过对实测脉冲序列的估计，取上升阶段的时间常数 tao1 = 1. 9，下降阶段的时间常数 tao2 = 36。

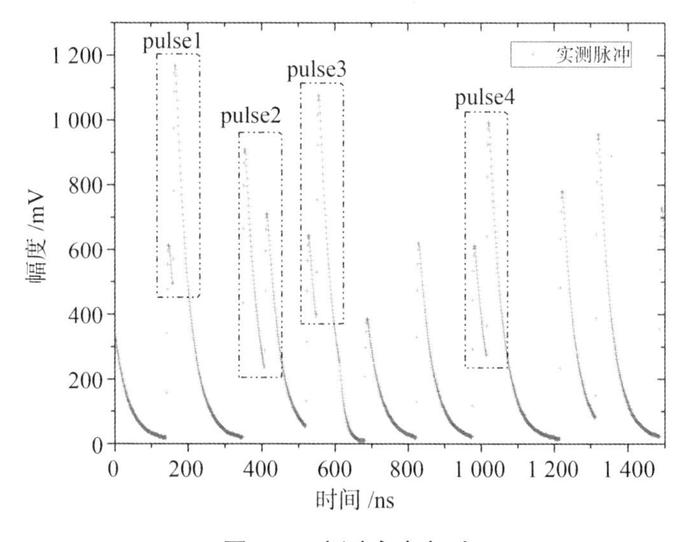

图 3-9 实测脉冲序列

图 3-9 中的四个堆积脉冲，对于堆积严重的 pulse1，采用成形参数进行成形后得到的梯形成形结果如图 3-10 所示。第一个脉冲的宽度为 20，因此梯形成形结果平顶宽度的保持时间还未结束第二个脉冲就开始了新一轮的梯形成形，两次成形结果堆积在一起，无法完全分离两个堆积脉冲，仅能识别出第二个脉冲的幅度。

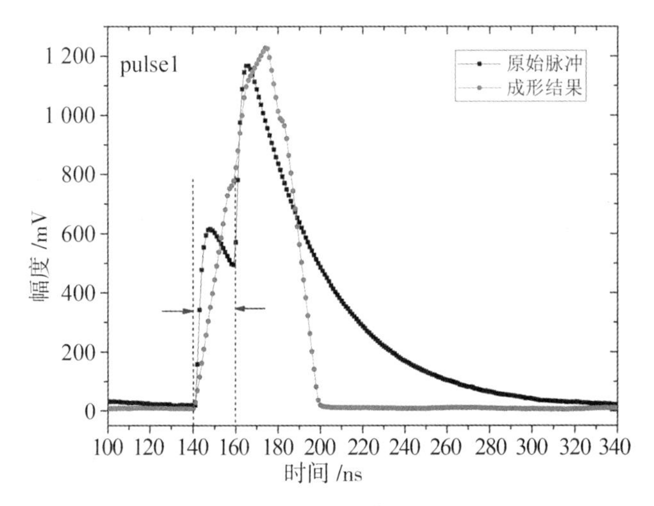

图 3-10　堆积脉冲 pulse1 的成形结果

图 3-9 的实测脉冲序列中的 pulse2，堆积并不严重，所以梯形成形对两个堆积脉冲的分离效果较好，如图 3-11 所示。

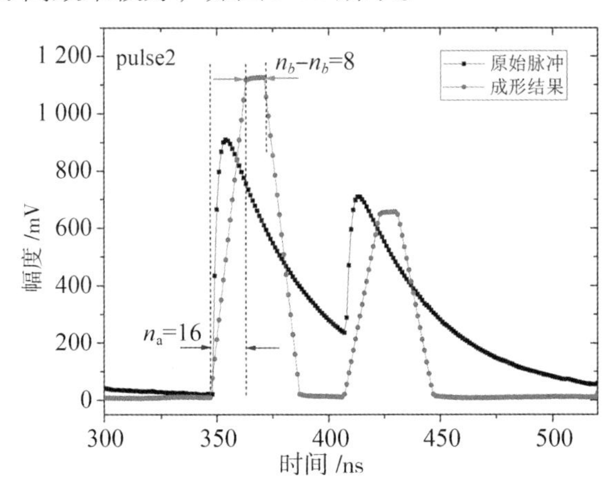

图 3-11　堆积脉冲 pulse2 的成形结果

图 3-9 的实测脉冲序列中的 pulse3 与 pulse1 类似，堆积较为严重。但是在 pulse3 中第一个脉冲的宽度相比于 pulse1 中第一个脉冲的宽度更宽，因此梯形成形后两个脉冲虽然没有完全分离，但是两个脉冲的幅度已经可以进行有效甄别，如图 3-12 所示。

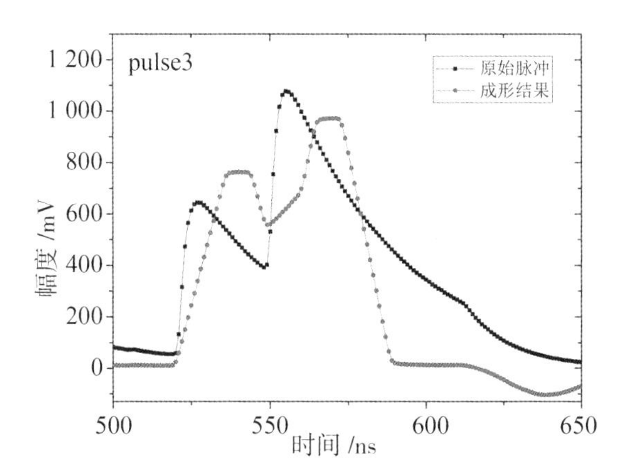

图 3-12　堆积脉冲 pulse3 的成形结果

图 3-9 实测脉冲序列中的 pulse4，堆积并不严重，梯形成形可以对堆积脉冲进行有效地分离，如图 3-13 所示。

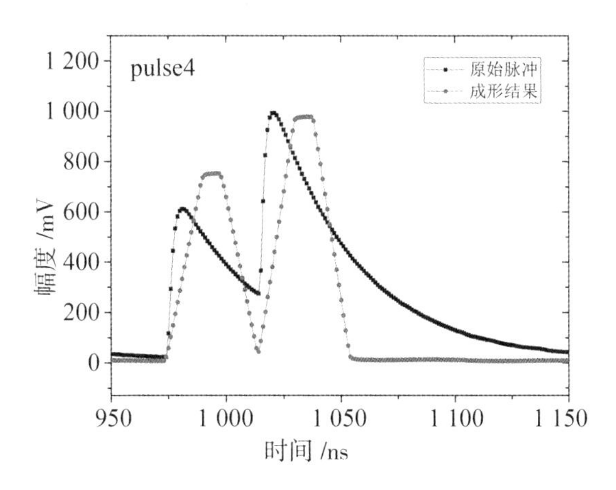

图 3-13　堆积脉冲 pulse4 的成形结果

通过对上述几种堆积脉冲的详细分析可以得出，当堆积情况不太严重时，通过调整成形参数即可达到堆积分离的目的；对调整成形参数依然无法分离的堆积脉冲，在成谱过程将会因丢弃了堆积脉冲而损失部分计数率。因此，后面将详细介绍另一种堆积处理方法，该方法通过快慢通道对脉冲堆积和系统死时间引起的计数率损失进行校正。

3.3.2 快慢通道

X 射线光谱的高精度测量受低计数率条件下 X 射线束统计涨落的影响，同样也受由系统死时间引起的计数损失和堆积脉冲效应的限制。在高计数率环境中，系统死时间和堆积脉冲对计数率的影响更为突出。

2018 年，Xu Hong 等人提出了一种基于 FAST-SDD 探测器和单位冲激脉冲成形方法的 X 射线光谱计数损失校正检测系统[88]。该系统采用快通道和慢通道并行的方式和单位冲激脉冲成形方法，通过脉冲与开关复位型前置放大器、*C-R* 整形器的反向偏移来完成。快通道中脉冲被成形为单位冲激脉冲的形状，脉冲宽度小，没有俯冲，一定计数率下可近似认为快通道中的总计数率就是真实的脉冲数量。慢通道中由于脉冲成形宽度较大，产生的堆积脉冲将会被丢弃，总计数率比快通道中的总计数率小。用快通道的总计数率比慢通道中的总计数率得到一个比例因子，慢通道生成的能谱中每一道的计数率乘以这个比例因子就完成了对慢通道计数率损失的校正。

在实验环节中，通过测量不同 X 射线管流下的计数率可以估计出快通道中的死时间，估算出的死时间被用于校正快通道的计数损耗从而得到更为准确的计数率，快通道的计数率又被用于校正慢通道的计数损耗。2018 年，Xu Hong 等人公布的实验结果表明，快通道中堆积脉冲的数量随 X 射线管管流的增加而增加，导致高能区计数率增加，峰漂移和能量分辨率下降[88]。

3.3.3 脉冲宽度筛查

在合金分析以及其他高纯材料测量微量元素时，由于主元素含量相比微量元素来说要高很多，并且大多数主元素都有 $K\alpha$ 和 $K\beta$ 两个特征峰或者 $L\alpha$ 和 $L\beta$ 两个特征峰，由于堆积脉冲的产生，在最终测量得到的谱图中将会在高能段形成 $\alpha+\alpha$、$\alpha+\beta$、$\beta+\beta$ 三种加和峰。若待测微量元素能谱正好在高能段加和峰附近，将会直接导致微弱元素含量测量不准确。在加和峰之前，堆积脉冲则会造成高能段的本底增加，从而降低了微量元素分析的检出限。如果主元素超过一个，则加和峰会更复杂。所以在高精度 EDXRF 分析仪器的设计中，如何降低或者消除加和峰的影响非常重要。本研究提出了一种梯形成形加上脉冲宽度筛查的方法，用于降低高能段本底，消除堆积脉冲造成的加和峰。

如图 3-10 所示，对于 pulse1 类型的堆积脉冲，虽然无法通过梯形成形彻底地将两个脉冲分离开来，但是选择恰当的成形参数却可以有效甄别出两个堆积脉冲的幅度。对于如图 3-14 所示的完全堆积的脉冲，通过上述两种堆积脉冲处理方法都无法将其分离，而这种脉冲如果不进行处理则会在最终得到的谱图中以加和峰的形式存在。

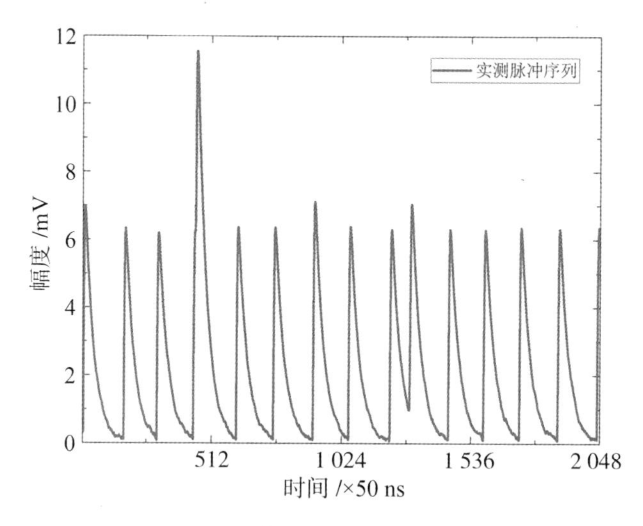

图 3-14 ^{55}Fe 标准源实测脉冲

^{55}Fe 标准源的谱图元素成分比较单一，仅包含一个 $K\alpha$ 峰和一个 $K\beta$ 峰，这两个峰形成的加和峰包括 $K\alpha$ 峰叠加 $K\alpha$ 峰、$K\alpha$ 峰叠加 $K\beta$ 峰、$K\beta$ 峰叠加 $K\beta$ 峰等三种情况，其对应的谱线如图 3-16 中的右侧放大区域所示。假定 Fe 元素 $K\alpha$ 峰的能量以 E_α 表示，$K\beta$ 峰的能量以 E_β 表示，三个加和峰的能量分别用 $E_{\alpha\alpha}$，$E_{\alpha\beta}$，$E_{\beta\beta}$来表示，则

$$
\begin{aligned}
E_{\alpha\alpha} &= E_\alpha + E_\alpha \\
E_{\alpha\beta} &= E_\alpha + E_\beta \\
E_{\beta\beta} &= E_\beta + E_\beta
\end{aligned}
\tag{3-12}
$$

已知 $E_\alpha = 5.89$ keV，$E_\beta = 6.49$ keV，通过式(3-12)可以得出 $E_{\alpha\alpha} = 11.78$ keV，$E_{\alpha\beta} = 12.38$ keV，$E_{\beta\beta} = 12.98$ keV。通过对不同输入脉冲幅度的单指数成形结果进行模拟得出单指数成形后脉冲宽度随输入脉冲幅度增而呈对数递增，且满足式(3-13)的能量关系：

$$y = a\ln(x) + b \tag{3-13}$$

式中，y 为单指数成形后的脉冲宽度；x 为输入脉冲的幅度；a 和 b 为常数。

在采用单指数的成形方式时，本研究采用了三种不同的脉冲宽度筛查方式对其进行处理，处理流程如图 3-15 所示。

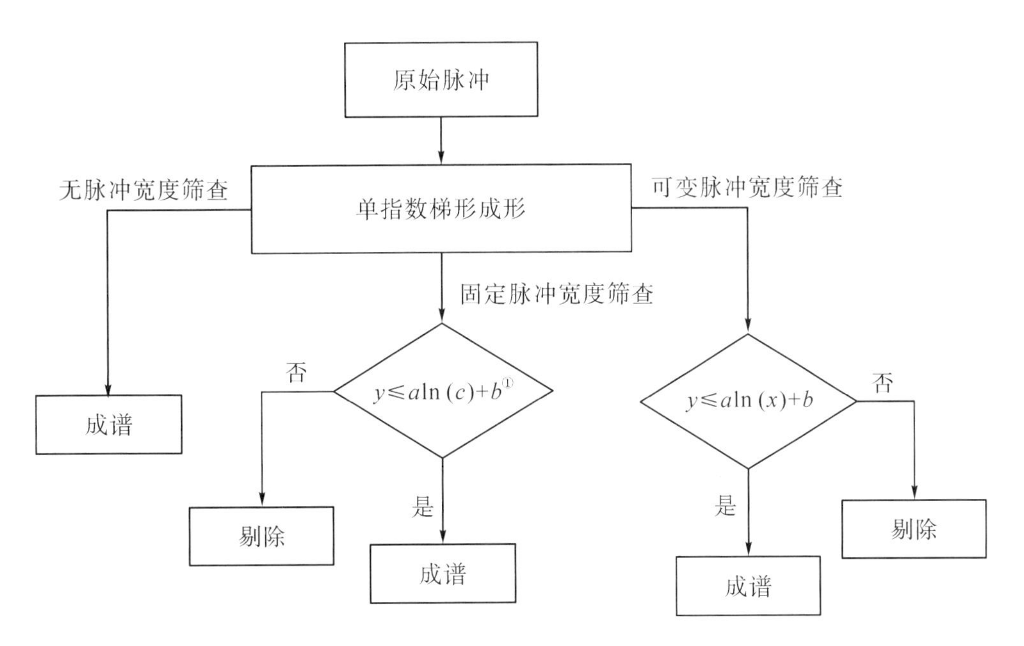

图 3-15　单指数梯形取不同筛查方式的流程图

注：①c 为固定脉冲宽度筛查时的脉冲幅度。

（1）无脉冲宽度筛查。无脉冲宽度筛查是指由脉冲幅度分析模块将采集到的脉冲峰值作为道址，并在相应的道址上进行计数，经过设定时间的测量以后，得到相应的能谱。

（2）固定脉冲宽度筛查。固定脉冲宽度筛查指根据不同幅度的原始脉冲进行梯形成形后得到的脉冲宽度计算公式（3-13），按照实际测量需求，选择待测的能量较高的元素对应的脉冲幅度 c 代入式（3-13）计算出脉冲宽度筛

查的上阈值 y，剔除超过这个阈值的脉冲。

(3)可变脉冲宽度筛查。可变脉冲筛查宽度是指以式(3-13)为基础，按照采集到的脉冲幅度计算出成形后脉冲宽度甄别值进行调整，剔除大于甄别脉冲宽度的脉冲。

在实验环节中，由于^{55}Fe 标准源元素成分单一，产生的加和峰种类较为固定，在加和峰分析时更加精确，不易受其他元素的干扰，因此本研究采用^{55}Fe 标准源为测量对象，探测器采用 FAST-SDD，分别对单指数梯形成形时的无脉冲宽度筛查、固定脉冲宽度筛查、可变脉冲宽度筛查三种方式得到的谱图进行对比，如图 3-16 所示。

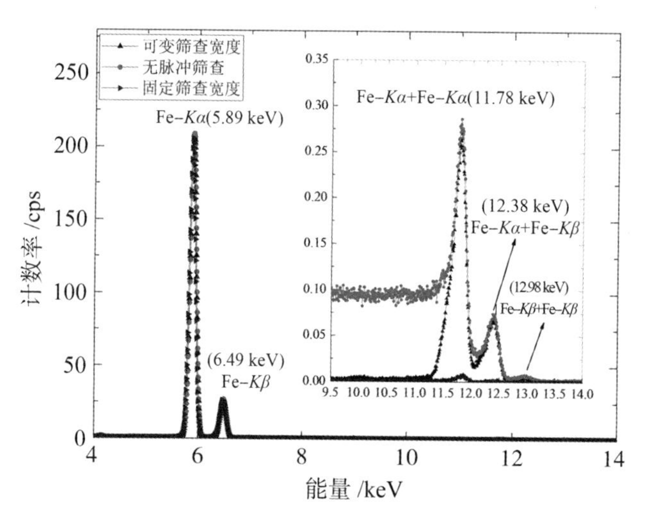

图 3-16 单指数梯形成形取不同筛查方式的成谱结果

实验结果表明：

(1)当进行无脉冲宽度筛查时，测量得到的谱图如图 3-16 所示，在高能段不仅出现了三个加和峰，还在加和峰的前面出现了由堆积脉冲造成的本底干扰。

(2)当采用单指数梯形成形加上固定脉冲宽度筛查时，测量得到的谱图如图 3-16 所示，相比于可变脉冲宽度筛查得到谱图，固定脉冲宽度筛查得到的结果不仅扣除了加和峰之前的本底，还消除了所有的加和峰，这种方法看似效果较好，但假如有一个待测元素的能量刚好位于加和峰这个能量段，那么该元素的探测也会受到影响，因此单指数梯形成形加固定脉冲宽度的筛查方法在实际应用中并不可取。

(3) 当采用单指数梯形成形加上对数变换的可变脉冲宽度筛查时，测量得到的谱图如图 3-16 所示。由于单指数梯形成形后的脉冲宽度会随着输入脉冲幅度变化而变化，而变化趋势呈对数关系，因此采用对数变换的可变脉冲宽度筛查得到的测量结果有效地扣除了加和峰之前堆积脉冲造成的本底，但对于三个加和峰的效果微乎其微。

为了得到更合适的脉冲处理方法，下面将对单指数可变筛查宽度法和双指数固定脉冲宽度筛查法进行对比，如图 3-17 所示。前面已经证明，单指数梯形成形加可变脉冲宽度筛查可以有效地消除堆积脉冲造成的本底干扰，对于加和峰的消除，这里提出一个概率计算方法，通过 Fe 元素的 $K\alpha$ 峰和 $K\beta$ 峰的峰面积计算出产生不同加和峰的概率并对其进行剔除。

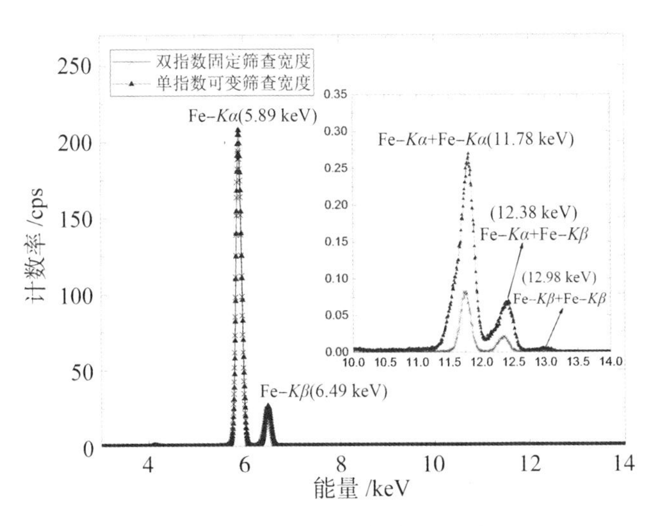

图 3-17　不同参数的成谱结果对比图

实验结果表明：

（1）当采用单指数梯形成形加上对数变换的可变脉冲宽度筛查时，测量得到的谱图如图3-17所示，得到的结果有效地扣除了加和峰之前堆积脉冲造成的本底，但采用概率计算消除加和峰效果不佳，因此后面提出了双指数成形进行对比。

（2）通过对不同输入脉冲幅度的双指数梯形成形结果进行模拟得出双指数成形后脉冲宽度是固定不变的，不会像单指数成形那样随着脉冲幅度的变化而变化。当采用双指数梯形成形加上固定脉冲宽度筛查时，测量得到的谱图如图3-17所示，脉冲宽度筛查可以有效地扣除高能段堆积脉冲造成的本底，而通过计算Fe-$K\alpha$峰和Fe-$K\beta$峰在高能段产生堆积的概率可以有效地剔除大部分加和峰。当脉冲完全堆积时，脉冲宽度并没有展宽，只有脉冲幅度升高，如图3-13所示，这样完全堆积的脉冲通过宽度筛查和概率计算都无法有效剔除，因此造成了如图3-17右侧放大区域黑色谱线所示的加和峰。

在实际测量中得到的脉冲序列，除堆积脉冲外还有很多不符合要求的畸变脉冲需要做丢弃处理，在这些畸变脉冲中有一部分是由于硬件原因造成的。本研究重点分析的是开关复位型前置放大复位造成的突变脉冲，这部分脉冲若不进行处理将会在全能峰前面形成一个伪峰，既降低了全能峰的计数率，也对微弱元素的甄别造成了较大影响。本研究对突变脉冲的处理提出了两种技术，第四章和第五章将对脉冲剔除技术[114]和脉冲修复技术[115]给出详细的理论推导、模拟和实验验证。

3.4 本章小结

本章介绍了核脉冲信号处理的几项研究基础，从而得出以下结论。

(1)脉冲形状甄别常用的方法是上升时间甄别方法。上升时间甄别方法可以通过数字技术实现。也可以通过模拟技术实现。目前，数字电路实现的脉冲形状甄别法已经被广泛使用并逐步取代了模拟电路中的脉冲甄别法。

(2)通过成形方式的对比可以得出：1/f 成形方式和尖顶成形方式的实现过程复杂；高斯成形方式易于实现、有较好的滤波效果和噪声抑制能力但并不利于堆积脉冲的甄别；梯形成形易于实现，形状简单且易于甄别堆积脉冲，能够兼顾计数率和能量分辨率，因此本研究的数字脉冲成形方式选择梯形成形方式。

(3)堆积脉冲的处理方法包括通过调整成形参数实现堆积分离、快慢通道实现计数率校正、脉冲宽度筛查剔除加和峰。

(4)单指数梯形成形加上对数变换的可变脉冲宽度筛查有效地扣除了加和峰之前堆积脉冲造成的本底，但消除加和峰效果不佳。

(5)双指数成形后的脉冲宽度是设定好的，不会像单指数成形那样随着脉冲幅度的变化而变化，双指数固定脉冲宽度筛查方法对由脉冲堆积造成的高能段的本底干扰和加和峰都有很好的剔除效果。

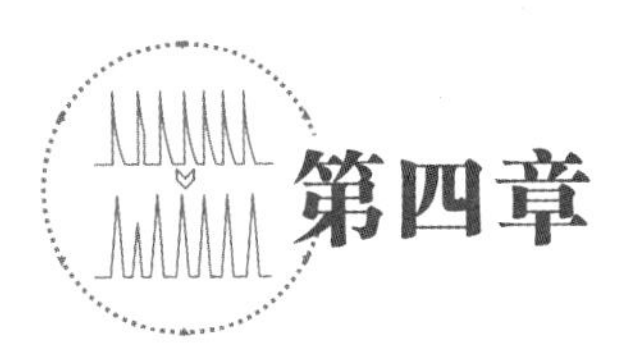

第四章

突变脉冲剔除技术

在 X 射线谱测量中最关心的两个指：一是能量分辨率；一是计数率。理想情况下，对同一个放射源测量多次，每一个峰的计数率应趋于稳定，但由于脉冲突变的存在，且每一次测量发生突变的次数和时间都是随机不可预测的，因此每次测量得到的计数率都将受到突变脉冲的影响，导致统计涨落增大。为了得到更加精确的谱图，就需要得到一个尽可能真实（剔除或修复掉突变脉冲）、稳定度高（统计涨落小）的计数率。

为实现上述目标，确保计数率的真实性是最关键的一步。计数率的涨落除测量系统本身固有的涨落外，可以进行人为进行干预的只有突变脉冲对计数率的影响。因此，本研究提出了一种基于脉冲形状甄别的突变脉冲剔除技术。突变脉冲剔除技术的实质就是通过对脉冲成形的上升时间和突变时刻的判断，筛选出需要进行剔除的突变脉冲，对剩余脉冲序列在现场可编程逻辑门阵列（field programmable gate array，FPGA）中完成三角成形以及多道成谱的处理。

4.1 概述

随着高性能半导体 X 射线探测器的发展，能量色散 X 荧光光谱仪（EDXRF）取得了极大的发展，EDXRF 因为测量速度快、精确度高、无损等优点被广泛使用。近几年，能量色散 X 荧光光谱测量技术正在朝着高计数率、高能量分辨率的方向发展。AMPTEK 公司推出的 FAST-SDD 在测量 ^{55}Fe 标准源时，其能量分辨率可达 125 eV，逐渐替代了用于 X 荧光光谱测量的 Si-PIN、碲锌镉、硅漂移等探测器。为了得到信噪比高、弹道亏损小的脉冲信号，大部分半导体探测器都在内部集成了开关复位型前置放大器。为了得到能量分辨率和时间分辨率好的谱图，常常需要对数字核脉冲信号进行适当的滤波成形，梯形成形(三角成形)因其计数率高、实时性好已被广泛用于数字脉冲成形。梯形成形(三角成形)方式按照成形时间又分为快成形和慢成形。采用快成形时，针对能量为 5.89 keV 的 ^{55}Fe 能量分辨率(FWHM)最好可以达到 130 eV。采用慢成形时能量分辨率可达到 125 eV，改进慢成形后能量分辨率可以达到 122 eV，因此在实际测量中经常采用的是慢成形。然而，采用开关复位型前置放大器的 FAST-SDD 在慢三角成形和计数率较高的背景下，受探测器内部电容的影响，将会引起探测器输出信号的跳变，且跳变时间是不确定的，这将会对 X 射线光谱的测量带来影响，最终在元素特征峰前面出现伪峰(全能峰的影子峰)，严重影响该道址附近微弱元素的检测以及对谱线的精细分析。

本研究提出脉冲剔除技术完成谱线中伪峰的剔除，增大计数率的可靠性。脉冲剔除技术首先以三角成形方式为基础，通过 Matlab 对不同时刻突变的脉冲成形结果进行模拟、对比；然后分析在 FPGA 中脉冲形状甄别的实现过程；最后在实际测量中，以 ^{55}Fe 标准源和某种岩石样品为测量对象，并将突变脉冲剔除前和剔除后的谱线进行对比分析。脉冲剔除技术的可行性和准确性将通过模拟和实验来验证，实验结果表明脉冲剔除技术可以有效地剔除全能峰前面的伪峰，得到稳定度高、统计涨落小的计数率，提高复杂样品中微弱元素的测量准确度。

4.2 伪峰形成原理

4.2.1 前放电路及输出信号

在核电子学中，通常将前置放大器分为三类，分别是电流灵敏型前置放大器、电荷灵敏型前置放大器和电压灵敏型前置放大器。但就输出信号的数学模型而言，前置放大器又被分为阻容耦合型前置放大器和开关复位型前置放大器[41]。开关复位型前置放大器及其信噪比高、弹道亏损小的优势被广泛用于半导体探测器中。开关复位型前置放大电路及其输出信号如图 4-1 所示，放大器通常采用低噪声的场效应晶体管(field effect transistor，FET)跨导运算放大器，然而低噪声的 FET 跨导运放往往带宽和输入电容也较大，不利于获得高的信噪比，因此在反馈电阻参数的选择上通常需要折中考虑。

电路的工作原理实际上就是探测器输出的弱电流在反馈电容 C_f 上进行一定时间的积分，并将积分得到的结果存储在采样保持电容上由测量电路进行测量，最终得到一个正比于电流与积分时间乘积的输出电压。积分周期的长短根据输入电流信号的大小和信号采集速度的快慢通过人为设定的时序来控制。开关 S_1 与前放电路一起构成的开关积分器在实现运算放大的同时也具有积分效应，等效于低通滤波，能够对高频噪声起到很好的抑制作用，尤其是针对周期性干扰和噪声，如交流电引起的 50 Hz 工频干扰及其倍频干扰，因此采用这种设计的放大电路无须后续的滤波网络也可以保持很好的噪声性能[65]。

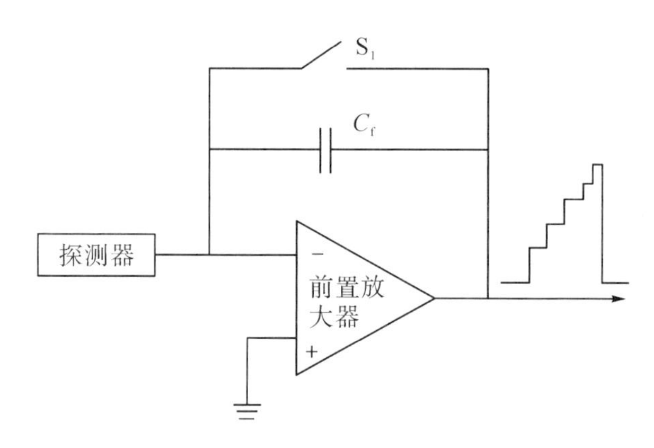

图 4-1　开关复位型前置放大电路及其输出信号

综上所述，探测器输出的核脉冲信号通常来说较为微弱且幅度较小、不便于在电缆中进行传输，抗干扰能力也不强。因此，在核脉冲信号进入核脉冲信号处理系统之前会对其进行初步的放大，且放大过程要保证最小的弹道亏损，更不能引入新的噪声和干扰。目前多数半导体探测器都在内部集成了开关复位型前置放大器，反馈电容 C_f 上累计的电荷通过复位开关 S_1 闭合迅速放电，输出信号为阶跃信号。但受到复位开关的影响，每个阶跃信号的宽度并不一致，每次复位开关复位时当前的阶跃信号就会突变到零，这就造成了某些阶跃信号的宽度过窄。这些信号经过 *CR* 微分电路后输出为负指数信号，在后续脉冲成形过程中，宽度过窄的脉冲形成的负指数信号也是不完整的，其成形结果也会受损。

4.2.2　脉冲复位信号

由于电容充放电的电荷量是一定的，当计数率较高时，前置放大器的输出信号跳变的频率必然升高，出现跳变的次数也会随之增加，以 ^{241}Am 标准源和 ^{55}Fe标准源为例进行实际测量，前置放大电路中复位开关 S_1 跳变时示波器测得

的脉冲复位宽度如图 4-2 所示。^{241}Am 标准源的活度比 ^{55}Fe 标准源的活度更高，相同时间内产生粒子数也更多，因此测量 ^{241}Am 标准源时，电容充电需要的时间更短，开关复位的频率自然就更高。

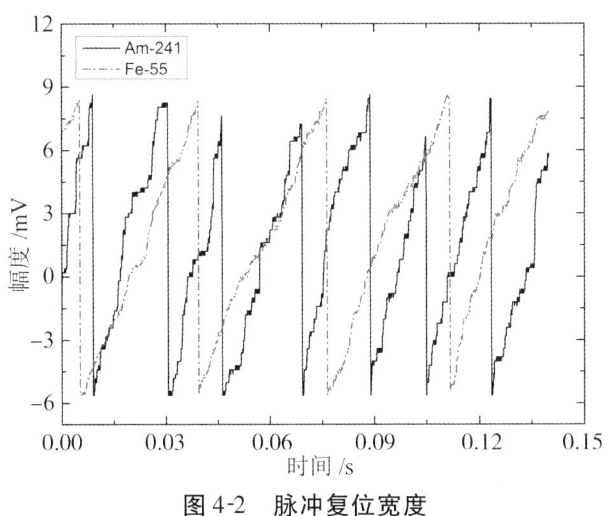

图 4-2 脉冲复位宽度

4.2.3 *CR* 微分输出信号

CR 微分电路是核辐射测量装置中前端电路的关键部分，也是核电子学中一种常用的成形方式，同时还具有高通滤波的效果，图 4-3 中的 *R*、*C* 参数一般由实验确定。

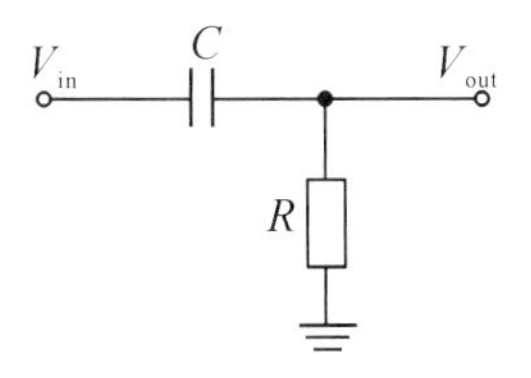

图 4-3 基本的 *CR* 微分成形原理图

对图 4-3 的电路进行分析，V_{in}为输入信号，V_{out}为输出信号，通过 KCL 定律可以列出微分方程为

$$\frac{dV_{in}}{dt}-\frac{dV_{out}}{dt}=\frac{V_{out}}{RC} \tag{4-1}$$

将V_{in}数字化为$X(n)$，V_{out}数字化为$Y(n)$，$dt=50$ ns，$n=0$，1，2，…。可以把式(4-1)转换为

$$X(n+1)-X(n)-[Y(n+1)-Y(n)]=dt\frac{Y(n+1)}{RC} \tag{4-2}$$

将式(4-2)进行形式变换，可以得到式(4-3)形式的递推数字解：

$$Y(n+1)=\frac{Y(n)+X(n+1)-X(n)}{1+K} \tag{4-3}$$

CR 微分成形电路常用于有载波信号时的核探测器信号的提取，FAST-SDD 后端前置放大电路输出的信号为连续上升的阶跃信号，经 *CR* 微分电路转化为负指数信号。FPGA 对核脉冲信号进行脉冲成形处理时需要先将前置放大电路输出的一系列不断堆积上升，并且在上升到一定程度就发生复位跳变的阶跃信号通过 *CR* 微分电路转变为连续的负指数信号，在完成信号转换的同时还可以滤掉高频噪声。

实际测量中产生的突变的阶跃信号经 *CR* 微分电路成形后得到的结果如图 4-4 所示。由图 4-4 可以看出，当阶跃脉冲堆积到一定限度，开关复位型前置放大电路将进行复位，与此同时阶跃信号直接跳变为零。由于跳变的时刻是随机的，倘若最后一个阶跃信号电平保持时间不够，经过 *CR* 微分处理后就会形成一个不完整的负指数脉冲，如图 4-4 中最后一个负指数脉冲所示。

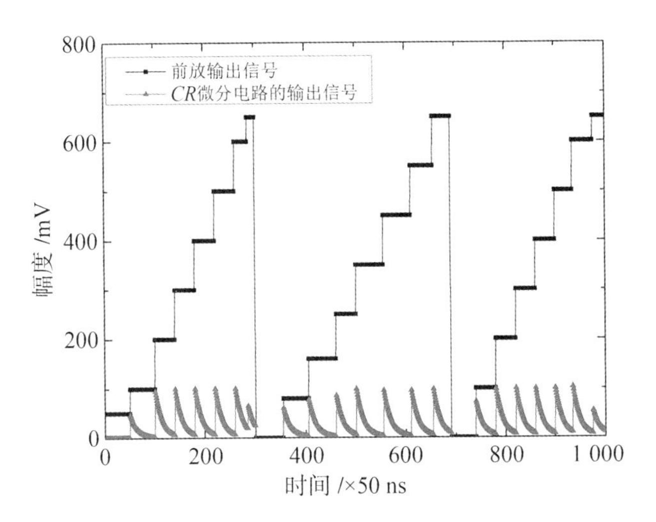

图 4-4 阶跃信号经 *CR* 微分后结果

在计数率较高的应用中，由于脉冲计数率增加，脉冲复位频率也会随之升高，从而产生更多的突变脉冲。这些突变脉冲经过梯形(三角)成形后的幅度和脉冲宽度可能会被降低，在未经任何处理的情况下直接对这些突变脉冲进行成形，结果将会导致在测量得到的谱图中元素的全能峰前面形成一个伪峰。

4.3 脉冲剔除技术的原理

在计数率较高的应用中，开关复位型前置放大输出信号跳变频繁，导致突变脉冲数量显著上升，如果直接将所有因开关复位跳变造成的突变脉冲全部剔除，将会使得整体计数率降低，影响最终测量结果。因此，脉冲剔除技术的核心在于通过对脉冲突变时刻的定位筛选出需要剔除的错误脉冲。本节主要讨论成形时间和突变时刻对剔除结果的影响。

4.3.1 三角成形时间

梯形成形算法是目前使用较为广泛的算法，当平顶宽度为 0 时又称为三角成形，成形原理及数学推导前面已经详细讲解，此处不再赘述。完整的负指数脉冲信号的三角成形结果，如图 4-5 所示。

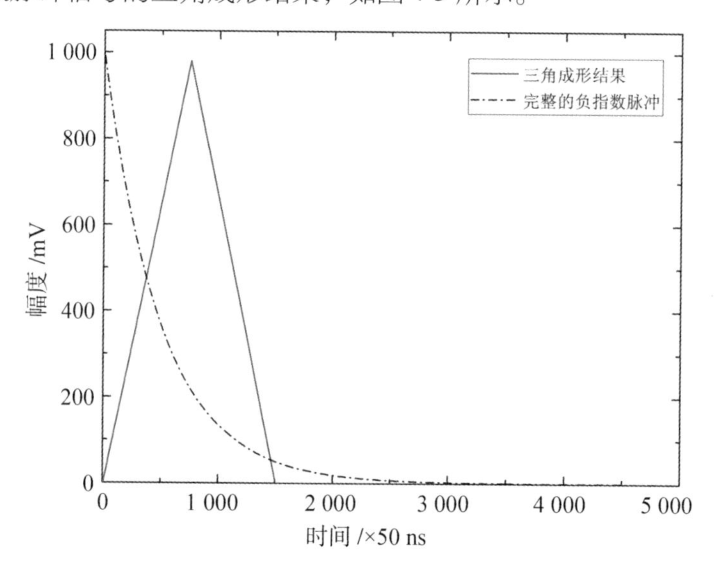

图 4-5　完整负指数脉冲信号的三角成形结果图

对同一个突变脉冲，定义突变时刻为 t_{jump}，上升时间为 t_{up}。采用 Matlab 模拟在同一突变时刻采用三种不同三角成形上升时间取得的三个成形结果进行对比，对比结果如图 4-6 所示。

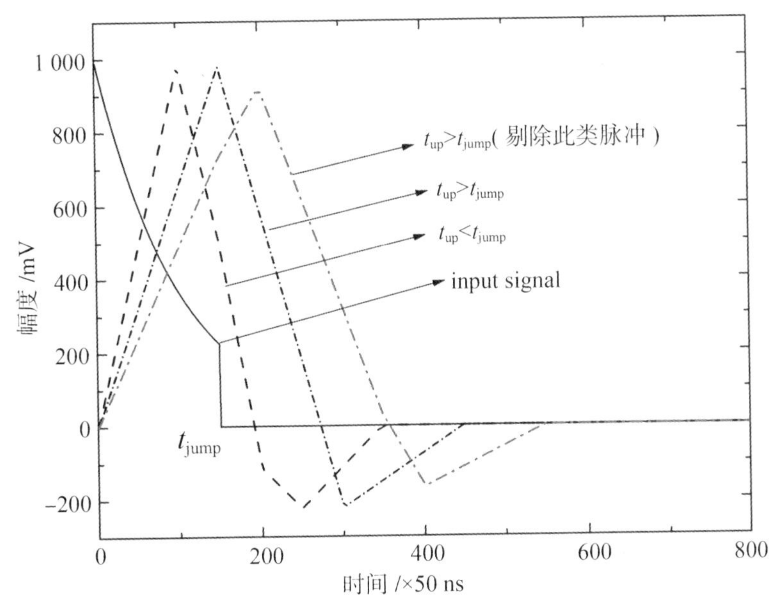

图 4-6　同一脉冲在不同成形时间的成形结果

当三角成形的上升时间 t_{up} 早于或者刚好等同于脉冲突变的时刻 t_{jump} 时(也就是说脉冲突变发生的时刻在三角成形达到峰值之后)，可以很清晰地看到突变脉冲的三角成形结果幅度并未明显降低，在脉冲甄别单元中，这样的突变脉冲不能被判定为错误脉冲，当然也不需要被剔除。

当三角成形的上升时间 t_{up} 晚于脉冲突变的时刻 t_{jump} 时(也就是说脉冲突变发生的时刻在三角成形达到峰值之前)，可以看出突变脉冲的三角成形结果幅度明显低于原始脉冲的幅度，这样的脉冲将会被脉冲甄别单元判定为错误脉冲进行剔除。如果不对错误脉冲进行处理，在测量得到的能谱图中，全能峰的前面就会出现一个伪峰，也就是由突变脉冲引起的全能峰的一个影子峰。

4.3.2 突变时刻

在实际测量时，前置放大电路中开关复位的时刻是随机的，因此脉冲突变的时刻也是随机可变的。此处定义突变时刻为 t_{jump}，且 t_{jump} 是可变的，而三角成形的上升时间 t_{up} 保持不变，突变负指数脉冲可表示为

$$v(t)=\begin{cases}A\exp\left(-t\dfrac{T_{clk}}{\tau}\right), & t<t_{jump}\\ 0 & , t>t_{jump}\end{cases} \tag{4-4}$$

不同突变时刻的负指数脉冲三角成形结果，如图 4－7 所示。

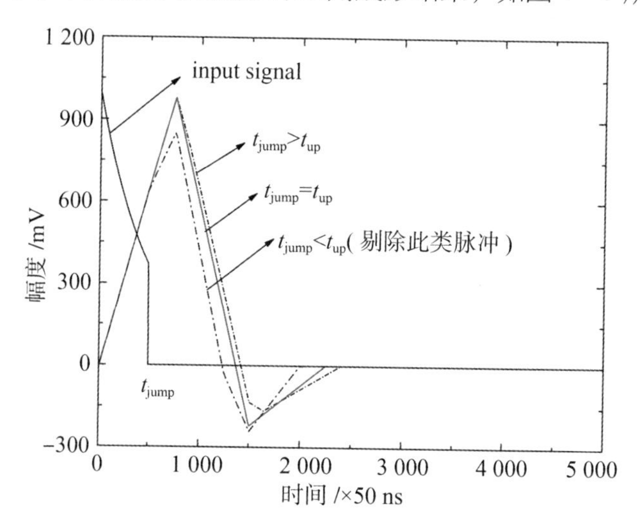

图 4-7　不同突变时刻的负指数脉冲三角成形结果

如图 4-7 所示，三角成形的上升时间 t_{up} 保持不变，突变的负指数信号及其三角成形结果取决于输入脉冲的突变时刻。根据突变时刻 t_{jump} 与三角成形上升时间 t_{up} 的关系，下面讨论突变时刻 t_{jump} 几种不同的取值情况。

（1）若输入脉冲突变时刻 t_{jump} 与三角成形的上升时间 t_{up} 相同或者比上升时间 t_{up} 更晚，成形结果如图 4-7 所示，成形后脉冲的幅度和宽度影响不变，此类脉冲虽然也有突变，但在脉冲剔除算法中仍然可以视为正常脉冲计数。

（2）若输入脉冲突变时刻 t_{jump} 早于三角成形的上升时间 t_{up}，成形结果如图 4-7 所示，成形后的峰值明显低于输入信号的峰值并且脉冲宽度也比正常信号的脉冲更窄，这种脉冲在脉冲剔除算法中就被判定错误脉冲且被剔除。

根据对脉冲突变时刻的讨论可以得出，在脉冲剔除技术中，不仅要判别脉冲形状，还需要对突变脉冲的突变时刻进行判定。并不是突变的脉冲都需要剔除，而是只需要剔除突变时刻在三角成形上升时间 t_{up} 之前的脉冲。

4.4 脉冲剔除技术在 FPGA 中的实现

在实际测量中，X 射线光谱的获取首先需要经历前端滤波、脉冲放大和数字化，然后再进入 FPGA 中进行脉冲形状甄别、数字成形和多道成谱等流程，其原理框图如图 4-8 所示。

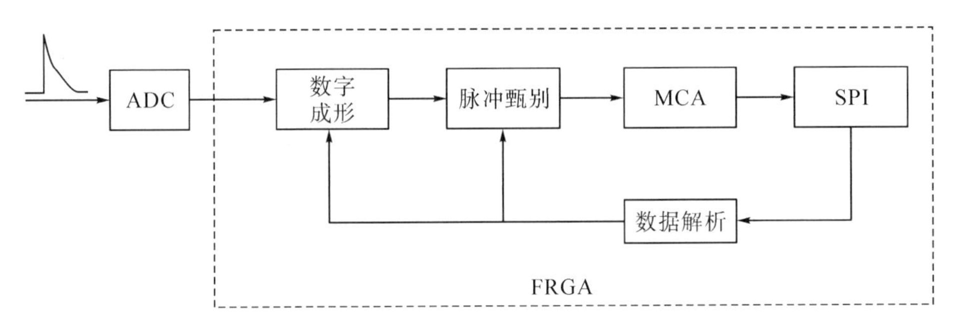

图 4-8　脉冲剔除技术在 FPGA 中的原理框图

脉冲剔除技术的核心算法是在 FPGA 中负指数脉冲序列完成数字梯形成形之后，根据成形结果的形状来判断该脉冲是否需要进行剔除。在伪峰形成原理小节中已经详细介绍了突变脉冲的由来，可以推断开关每复位一次就有可能产生一个突变脉冲，只不过突变的时刻不同，对成形结果、X 射线谱的影响也不同。如果脉冲剔除技术将所有突变脉冲都剔除掉，对计数率的影响将会非常大。因此，为了得到更加准确的测量结果，在有效消除伪峰的基础上，要尽可能减少剔除脉冲的数量就必须对脉冲突变时刻进行讨论，如图 4-9 所示。

脉冲剔除算法的关键在于突变脉冲的定位，通过负指数脉冲成形结果判断出需要剔除的脉冲，而判断依据其实质就是突变时刻。根据大量实验得到的经验参数，我们将成形结果的上升时间定义为 t_{up}，脉冲突变的时刻定义为 t_{jump}，不同时刻突变的原始脉冲得到的三角成形的结果可能对应图 4-9 中 (b)、(c)、(d) 三种原始脉冲的一种。为了进一步甄别出需要剔除的突变脉冲，将对 t_{up}时刻对应的采样点的值进行判断，详细甄别方法如下。

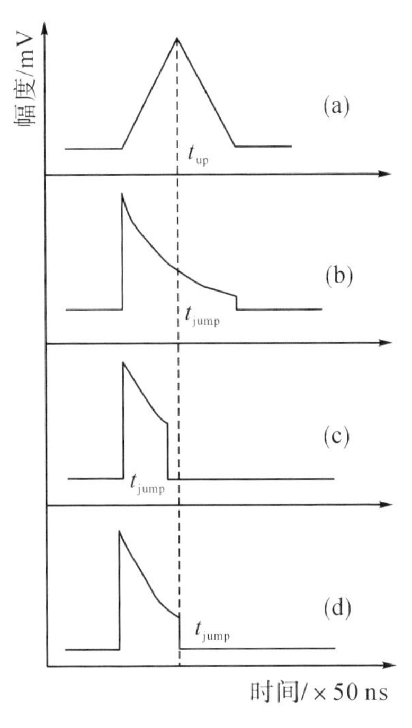

图 4-9　脉冲突变时刻甄别

脉冲剔除算法对三角成形的上升时间 t_{up}时刻对应的原始脉冲的值进行判断，当原始负指数脉冲在三角成形的 t_{up}时刻的值不为零时，如图 4-9(b)所示，该脉冲视为正常脉冲进行计数；当原始负指数脉冲在三角成形的 t_{up}时刻的值为零时，为了进一步区分如图 4-9 所示的(c)与(d)两种情况，需要再取原始脉冲在 t_{up}时刻前后一个指定采样点数的小区间(也称为保真带)的值进行判断，如果在这个保真带中，采样点的值都为 0 就判断该脉冲为错误脉冲需要剔除，如图 4-9(c)所示；如果 t_{up}时刻前后两个采样点的值不全为零，就视该原始脉冲为可接受的脉冲进行下一步计数处理，无须进行剔除，如图 4-9(d)所示。保真带的设置一方面是为了减少三角成形上升时间 t_{up}取经验参数可能带来的误差；另一方面是为了避免在低能段由于脉冲幅度较小，轻微的干扰和抖动都很容易造成误判断，从而带来误剔除。

4.5 脉冲剔除技术的实验验证

成形后的脉冲转化为多道谱图的原理是将不同的脉冲幅度对应到相应的道址上，每接受一个脉冲幅度，相应道址上的计数就加一。受到统计涨落的影响，这样形成的元素全能峰会有一定的宽度。如果是对标准源进行测量，由于标准源含有的元素种类、元素能量都比较单一，最终得到的谱图包含的全能峰数量有限，对谱线的精细分析也较为简单。采取这种方式进行多道脉冲成谱时，若将突变时刻比三角成形上升时间早的脉冲记录到，则会在全能峰前形成一个小的伪峰。且根据前面所述，样品计数率越高，开关复位型前置放大输出信号跳变的频率就越高，突变时刻比三角成形上升时间早的脉冲数量也会增大，形成相应的伪峰计数率就会更高。

如果是对岩石样品进行测量，由于样品包含的元素种类丰富，最终得到的谱图包含的全能峰数量也较多。这种情况下，如果突变时刻比三角成形上升时间早的脉冲被记录到，依旧会在全能峰前形成伪峰。如果伪峰刚好叠加在某一种微弱元素的特征峰上，那么在对该元素的谱线进行精细分析时，将难以有效甄别出该元素的真实谱线，这就严重影响了样品谱线的精细分析以及微弱元素的检测结果。

采用上升时间甄别的脉冲剔除算法可以剔除掉突变时刻比三角成形上升时间早的脉冲，为了验证该技术的可行性，本研究在上述模拟结果的基础上分别以^{55}Fe标准源和某种岩石样品为测量对象对脉冲剔除技术进行实验验证。针对不同的测量对象测量平台的配置也不相同，在具体的实验环节中将对实验平台的配置进行详细介绍。

4.5.1 以^{55}Fe标准源为测量对象的谱分析实验

当测量对象是^{55}Fe标准源时，测量时间为500 s，实验平台选择FAST-SDD作为探测器，探测器的有效探测面积为25 mm^2，探测器厚度为500 μm，铍窗为0.5 mil，在5.9 keV时的能量分辨率为122 eV。衰减时间常数$\tau=RC$，电路中$R=680\ \Omega$，$C=4\ 700$ pF，即$\tau=3196$ ns。ADC采样频率20 MHz，采样周期50 ns，测量结果如图4-10所示。

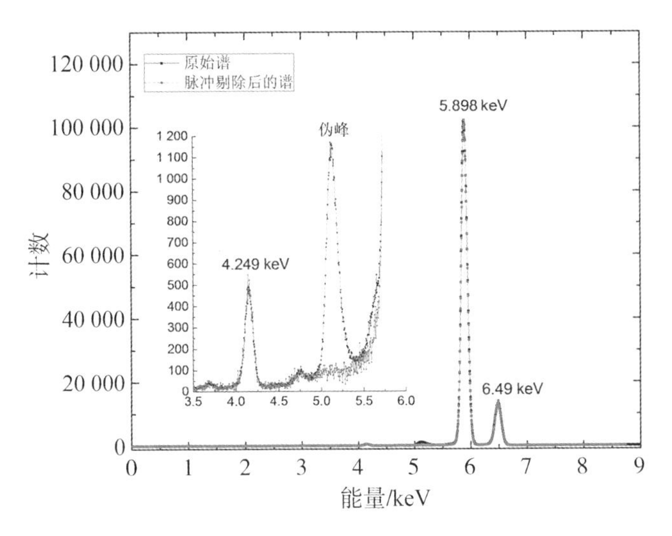

图4-10 ^{55}Fe标准源处理前后的测量谱图

经理论分析和实验得出，伪峰的出现是由于开关复位型前置放大器频繁复位，而慢三角成形的时间较长，从而导致突变脉冲的成形结果在脉冲宽度和脉冲幅度上都受到损失，这部分脉冲最终在谱图上以全能峰前的伪峰形式存在。在FPGA的数字脉冲处理环节中通过脉冲形状甄别筛选出需要剔除的突变脉冲，得到处理后的谱图如图4-10所示。与原始谱相比，剔除突变脉冲后的谱图有效地消除了全能峰前面的伪峰。

4.5.2 以岩石样品为测量对象的谱分析实验

当测量对象是普通岩石样品时，探测器依然选择 FAST-SDD，其有效探测面积为25 mm^2，探测器厚度为500 μm，铍窗为0.5 mil。激发源采用科颐维 KYW2000A 型 X 光管，额定管压50 kV、额定管流为0 ~ 1 mA。前端电路中 $R = 680\ \Omega$，$C = 4\ 700$ pF 即 $\tau = RC = 3\ 196$ ns。ADC 采样频率为 20 MHz，采样周期为 50 ns。

图 4-11 是某种特定岩石样品处理前后的测量谱图，除主元素 Fe 和 Sr 外，还包含多种含量较低的微弱元素，其测量结果的谱图更为复杂，除几个主要的全能峰外还包含多个弱峰，弱峰所处的位置就在全能峰的前面，很可能叠加在伪峰之上。

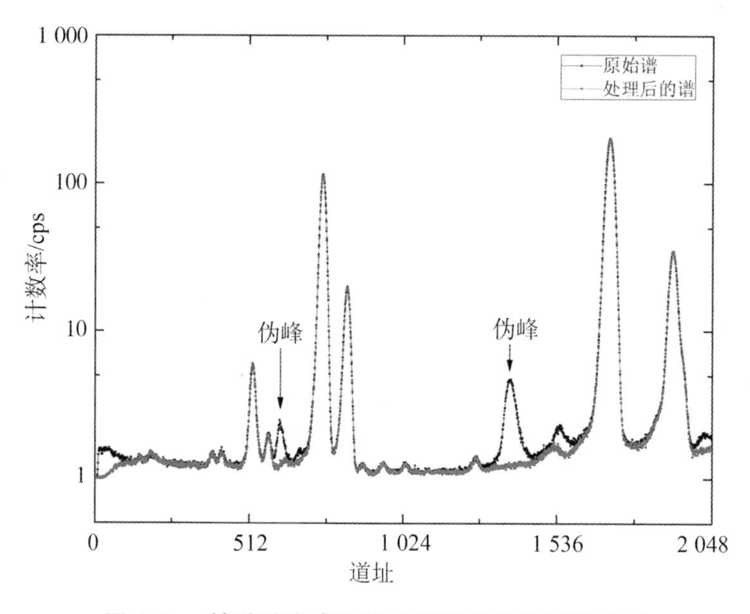

图 4-11　某种特定岩石样品处理前后的测量谱图

如图 4-11 所示，没有经过脉冲幅度甄别处理的谱图在元素全能峰前面出现了伪峰，这样的伪峰很可能叠加在某些微弱元素的全能峰上，这对微弱元素谱线的精细分析造成了极大的影响。而经过脉冲形状甄法的处理剔除了由开关复位型前置放大器引起的伪峰，使得被伪峰淹没的弱峰显现出来，更加有利于对复杂样品中微弱元素含量进行分析。

综上所述，两种样品的测量结果都能够表明，脉冲剔除技术可以有效地消除由开关复位型前置放大器频繁复位造成的伪峰。

4.6 本章小结

本章介绍了全谱中伪峰形成的原理和脉冲剔除技术的模拟与实验过程。伪峰形成主要是探测器后端开关复位型前置放大器输出的信号受到复位开关的影响产生突变的阶跃脉冲，突变在三角成形过程中根据突变的时刻不同将会得到不同的成形结果。采用 Matlab 软件对不同上升时间和不同突变时刻的脉冲及其成形结果进行模拟，然后再采用不同样品作为测量对象对模拟结果进行验证，结果表明：

(1)并不是所有的突变脉冲都需要被剔除，脉冲剔除技术的关键在于不仅要甄别脉冲形状还需要判断突变时刻。

(2)突变时刻在三角成形的上升时间之前的脉冲成形结果的脉冲宽度和幅度都不够，需要被剔除。

(3)突变时刻在三角成形的上升时间之后或者刚好是三角成形峰值时刻的脉冲其成形结果脉冲宽度和幅度都达到了完整的负指数脉冲成形要求，虽然也是突变的阶跃脉冲造成的，但不能被判定为错误脉冲，也就不需要被剔除。

(4)实验环节中，分别以 ^{55}Fe 标准源和某种岩石样品为测量对象对采用脉冲剔除技术前后得到的谱图进行对比，结果表明，脉冲剔除技术可以有效地消除突变脉冲造成的伪峰。

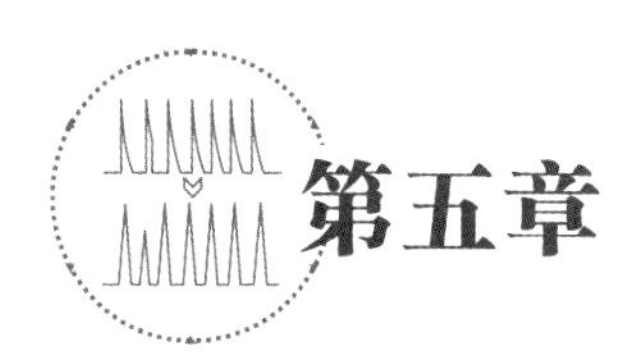

第五章

突变脉冲修复技术

针对前面提到的前置放大电路中复位开关频繁跳变引起的脉冲突变问题，采用脉冲剔除技术确实可以实现消除伪峰的目的，但剔除突变脉冲也在一定程度上损失了计数率。脉冲修复技术对突变脉冲采取的是修复的办法而不是剔除，在消除伪峰的同时自然也保证了脉冲计数率。

与脉冲剔除技术不同，脉冲修复技术的关键在于定位需要修复的突变脉冲以及推导出用于脉冲修复的理论公式。突变脉冲的定位，其实质就是对数字化的原始脉冲采样点进行判断，当采样点的值突变为零时则调用修复算法对原始脉冲进行迭代修复。对脉冲修复算法的选择，本章对比了包括指数递推算法、直线修复法、多点差值修复法以及多阶逐次逼近法在内的四种修复方法，根据修复结果和硬件实施的难易程度最终选取了七阶逐次逼近法作为脉冲修复的最优算法。

5.1 概述

前面，针对集成了开关复位型前置放大器的 FAST-SDD 在采用慢三角成形时可能会在计数率较高的全能峰前面出现伪峰(全能峰的影子峰)的问题，已经对脉冲剔除技术已经做出了详细的介绍，但由于脉冲剔除技术剔除了突变脉冲，在消除伪峰的同时必然也会损失一部分计数率。针对这个缺陷，本章提出了一种脉冲修复技术来完成谱图中伪峰的剔除。

前面已经对前置放大电路以及探测器输出信号的形式做了详细介绍，从图 4-1 中可以看出，前置放大器输出信号是一系列具有快指数上升沿的阶跃脉冲信号的堆积，脉冲堆积到一定程度就跳变到零并开始下一轮堆积。倘若直接对该信号进行滤波成形容易导致溢出损失计数率。为了得到更高的能量分辨率和时间分辨率，就需要对输出的核脉冲信号进行放大、数字化，然后再进行适当的滤波成形。

本研究中高分辨率实时脉冲成形采用的是梯形成形(三角成形)，但对于突变的负指数脉冲，由于其成形结果的幅度和脉冲宽度都会受到影响，当采用前面所述的脉冲剔除技术消除伪峰时，FPGA 的脉冲幅度甄别单元会根据脉冲突变时刻 t_{jump} 来判定是否需要丢弃该脉冲。当脉冲计数率越高时，复位频率也就越高，由此产生的突变脉冲数量就越多(该部分内容在第四章中已有详细描述)。倘若被丢弃的突变脉冲数量较多，就会损失掉一部分计数率，因此本章采用先修复后成形的方法来进行多道成谱。

在经典的光谱学系统中，探测器内置的前置放大器通常都会跟随一个高通滤波器(如极零相消、*CR* 微分电路等)，这些电路产生的脉冲具有较短的上升时间并伴随着指数信号的拖尾[119]。经过下一级运放之后，该脉冲进入高精度 ADC 完成数字化处理，突变脉冲的定位和修复都将在 FPGA 中实现。

5.2 脉冲修复算法的理论推导

对具有指数特征的脉冲进行修复，理论上来说最佳方法必定是采用指数函数的表达式进行迭代计算下一个采样点的值，这种方式修复出的脉冲其衰减趋势受时间常数 τ 控制，因此修复结果与原始脉冲基本一致。但指数形式的迭代、计算在 FPGA 中难以实现，效率极低，最关键的是对任意一个突变脉冲来说时间常数并不是固定的，因此要通过指数递推算法来修复丢失的采样点就必须求解出每个突变脉冲的时间常数，这就大大增加了 FPGA 的计算负荷。因此，本研究还提出了几种可调整衰减速度的修复算法来对突变脉冲进行修复，如直线修复法、多点差值法、多阶逐次逼近法等。下面将对上述几种修复方式进行详细的介绍和对比，从而得出最优的修复算法。

5.2.1 指数递推算法

负指数信号的表达方式为

$$\begin{aligned} v(n) &= A\exp\left(-n\frac{T_{\mathrm{clk}}}{\tau}\right) \\ &= A\exp\left[-(n-1)\frac{T_{\mathrm{clk}}}{\tau}\right]\exp\left(\frac{-T_{\mathrm{clk}}}{\tau}\right) \end{aligned} \tag{5-1}$$

式中，当 $n<0$ 时，$v(n)$ 始终为零。T_{clk} 为采样频率，τ 为衰减时间常数。鉴于篇幅有限，本章研究的重点是突变脉冲的修复以及修复前后谱测量结果

的对比。1994 年，Valentin T. Jordanov 等人详细描述了梯形成形(三角成形)的递推算法，该算法通过延时线、加法器、减法器和累加器实现了数字化负指数脉冲到对称的梯形脉冲的转变[118][120]。

在梯形成形(三角成形)算法的推导中，$d^{k,l}(n)$可以通过以下两个公式被表示为两个独立的过程：

$$d^{k}(n)=v(n)-v(n-k) \tag{5-2}$$

$$d^{k,l}(n)=d^{k}(n)+d^{k}(n-l) \tag{5-3}$$

本节实现了式(5-2)和式(5-3)的算法，它包含了两个函数模块：一个可编程延时线和一个减法器。

式(5-4)和式(5-5)实现的是一个极零相消电路，它的输出响应为$r(n)$。梯形成形(三角成形)算法中最后一个模块是一个由式(5-6)实现的累加器。

$$p(n)=p(n-1)+d^{k,l}(n) \tag{5-4}$$

$$r(n)=p(n)+Md^{k,l}(n) \tag{5-5}$$

$$s(n)=s(n-1)+r(n) \tag{5-6}$$

式中，参数M仅依赖于指数信号的衰减时间常数τ和数字转换器的采样频率T_{clk}，如下：

$$M=\frac{1}{\exp\left(\frac{T_{\mathrm{clk}}}{\tau}\right)-1} \tag{5-7}$$

由式(5-7)得

$$\exp\left(-\frac{T_{\mathrm{clk}}}{\tau}\right)=\frac{M}{1+M} \tag{5-8}$$

把式(5-8)代入式(5-1)，则有

$$v(n)=A\exp\left[-(n-1)\frac{T_{\mathrm{clk}}}{\tau}\right]\frac{M}{1+M} \tag{5-9}$$

e^x 的泰勒展开式如下：

$$e^x=1+\frac{x}{1!}+\frac{x^2}{2!}+\frac{x^3}{3!}+\cdots+\frac{x^n}{n!} \tag{5-10}$$

将式(5-7)用泰勒公式展开，得

$$M=\frac{1}{1+\frac{T_{\mathrm{clk}}}{\tau}+\frac{\left(\frac{T_{\mathrm{clk}}}{\tau}\right)^2}{2!}+\frac{\left(\frac{T_{\mathrm{clk}}}{\tau}\right)^3}{3!}+\cdots+\frac{\left(\frac{T_{\mathrm{clk}}}{\tau}\right)^n}{n!}-1} \tag{5-11}$$

当 $-\frac{\tau}{T_{\mathrm{clk}}}>5$ 时，$\frac{T_{\mathrm{clk}}}{\tau}<\frac{1}{5}$，所以

$$\begin{aligned}M&\approx\frac{T_{\mathrm{clk}}}{\tau}+\frac{\left(\frac{T_{\mathrm{clk}}}{\tau}\right)^2}{2!}=\frac{(2\tau)^2}{2\tau T_{\mathrm{clk}}+(T_{\mathrm{clk}})^2}\\&=\frac{\tau}{T_{\mathrm{clk}}}+B\frac{2\tau}{2\tau+T_{\mathrm{clk}}}=\frac{2\tau^2+\tau T_{\mathrm{clk}}+2\tau BT_{\mathrm{clk}}}{(2\tau+T_{\mathrm{clk}})T_{\mathrm{clk}}}\end{aligned} \tag{5-12}$$

根据对应项系数相同可知，$1+2B=0$，故 $B=-0.5$，从而得出 M 的表达式可简化为

$$M=\frac{\tau}{T_{\mathrm{clk}}}-B\frac{\tau}{2\tau+T_{\mathrm{clk}}}=\frac{\tau}{T_{\mathrm{clk}}}-\frac{1}{2+\frac{T_{\mathrm{clk}}}{2}}\approx\frac{\tau}{T_{\mathrm{clk}}}-\frac{1}{2} \tag{5-13}$$

通常情况下，为了方便计算也近似取 $M \approx \frac{\tau}{T_{clk}}$ 或者 $M \approx \tau$，因此负指数脉冲也可以简单表示为

$$d = \exp\left(-n\frac{T_{clk}}{M}\right) \tag{5-14}$$

当 $\tau = 100$，$A = 2\ 000$，$T_{clk} = 1$ 时，由式(5-9)可知 $M \approx \tau = 100$。

取任意一个数字化的突变负指数信号如图 5-1 所示。在 Matlab 模拟过程中，假定一个完整的负指数信号由 1 024 个采样点构成，该信号在衰减过程中由 1 250 直接突变为 0，损失掉了第 148 个采样点之后的所有脉冲信息。为了还原该脉冲，以式(5-9)为脉冲修复的理论基础，采用 Matlab 软件，取 $M \approx \tau = 100$，$A = 2\ 000$，$T_{clk} = 1$，梯形成形的上升时间 $n_a = 100$，平顶宽度 $n_b - n_a = 0$，成形脉冲宽度 $n_c = 200$。代入式(5-9)中对脉冲突变部分进行修复还原，修复结果如图 5-1 所示。

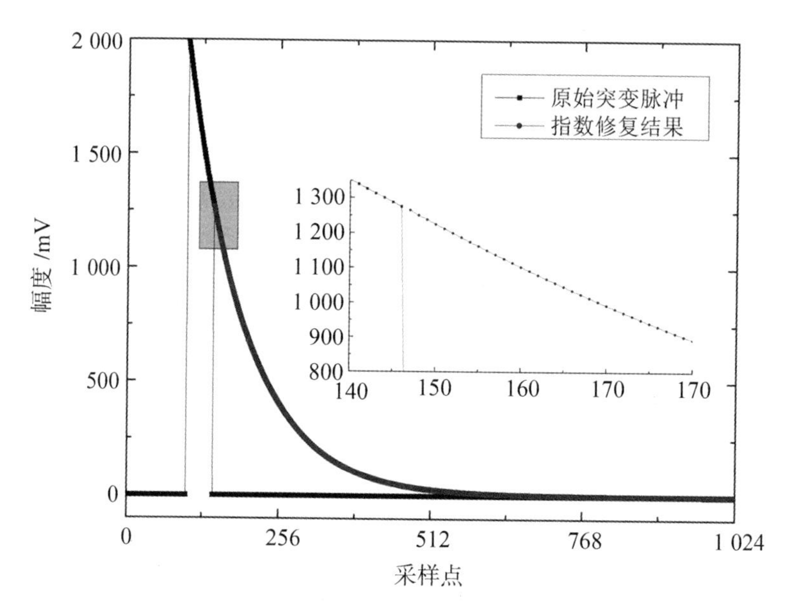

图 5-1　指数递推算法的修复结果

把完整的负指数脉冲的梯形成形结果与修复后的突变脉冲梯形成形结果进行对比，如果成形结果基本一致则可以验证上述脉冲修复方法是可行的。在谱测量过程中，FPGA 是整个数字核脉冲信号处理的核心所在，它主要包含脉冲修复和脉冲成形两个过程。

图 5-2、图 5-3 分别展示了同一个突变负指数脉冲在衰减部分被截断后的三角成形结果以及采用指数递推算法修复后的成形结果。图 5-2 中可以很清晰地看出突变脉冲在被修复前的成形结果有很大的俯冲，脉冲宽度和幅度都受到了影响。而经过指数递推算法修复后的突变脉冲与如图 5-4 所示的完整负指数脉冲几乎没有差别，成形结果也与完整负指数脉冲的成形结果一致。

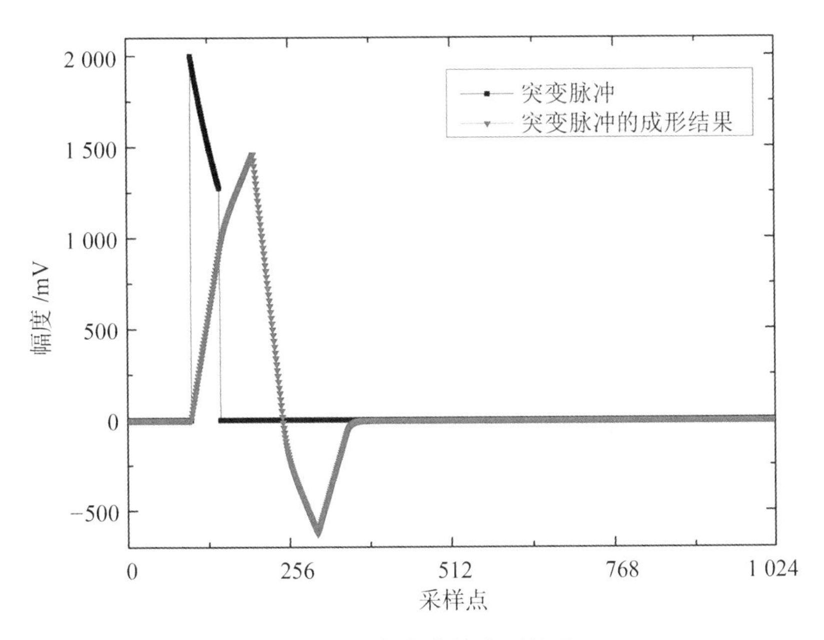

图 5-2　突变脉冲的成形结果

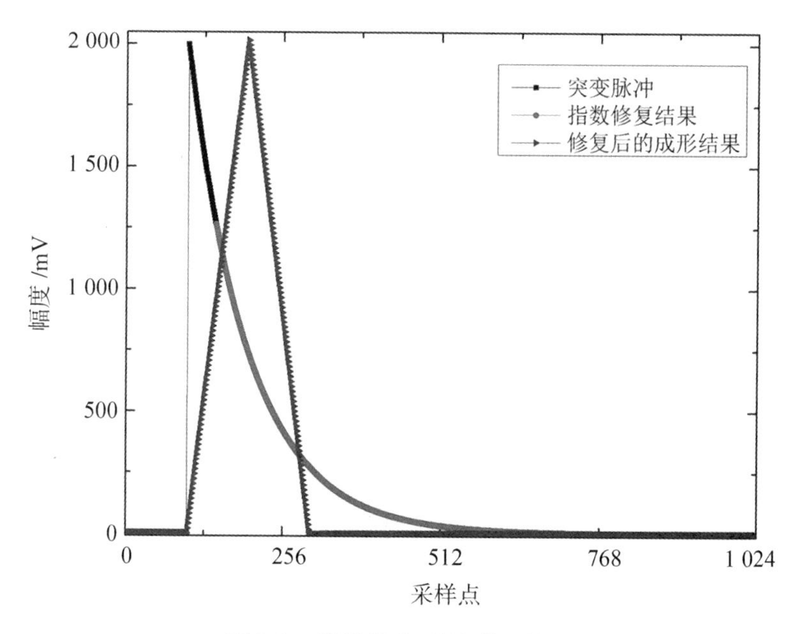

图 5-3　指数修复后的成形结果

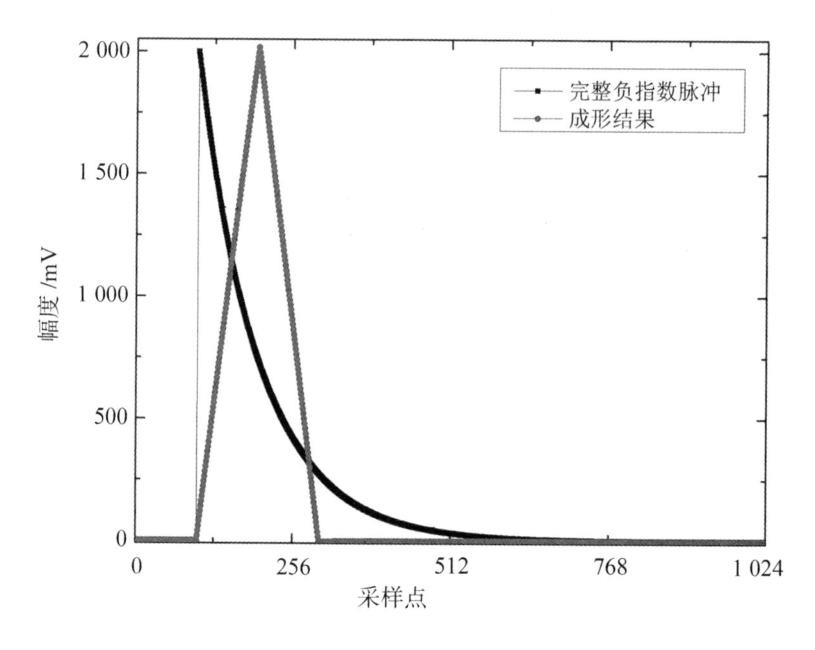

图 5-4　完整负指数脉冲的成形结果

综上所述，指数递推算法可以有效地实现突变负指数脉冲的修复，但如前面所述，对任意一个突变脉冲来说时间常数不固定，因此要通过指数递推算法来修复丢失的采样点就必须求解出每个突变脉冲的时间常数，这大大增加了 FPGA 的计算负荷，因此后面将提出更多的修复方法进行对比。

5.2.2 直线修复法

考虑到 FPGA 计算每个脉冲的时间常数以及完成复杂的指数运算非常耗费时间，执行效率低，本研究提出了一种直线修复法对突变脉冲进行修复。直线修复法的关键在于选择最恰当的两个采样点并根据其坐标计算出修复直线的表达式(实质就是寻找最理想的衰减速度，最理想的衰减速度可以最大程度地贴合原指数曲线)。由于突变脉冲出现的时刻是随机的，修复直线最佳斜率的确定也应该随突变时刻的改变而改变，FPGA 的处理速度是非常快的，当突变脉冲数量较多时，如果每一个突变脉冲都需要计算一次修复直线，那将大大增加 FPGA 的计算负荷，难以实现。但是如果对任意时刻突变的脉冲都采用固定斜率的直线进行修复，其修复结果根据突变位置的不同将会出现几种情况。鉴于篇幅有限，本研究选择两种有代表性的突变脉冲进行修复，并对修复结果进行分析对比。

假定负指数信号 $v(n)$ 是损失了 $n+1$ 之后的所有采样点，根据 $v(n)$ 的峰值采样点坐标和突变前最后一个非零采样点的坐标来确定一条修复直线，根据求解出的直线表达式计算出损失的采样点，每次修复直到查询到下一个非零的采样点为止。

前面已经详细讨论过当脉冲突变的时刻在三角成形的上升时间 t_{up} 之前时该脉冲若不做处理，其成形结果的幅度和脉冲宽度都会受到影响，最终在得到的谱图上以伪峰形式呈现。因此，此处对突变时刻的讨论就以 t_{up} 值为界分为以下两种情况。

1. t_{up}时刻前的脉冲突变修复

在对突变脉冲的甄别过程进行描述时，已经详细介绍了1 024个点的脉冲在三角成形中的t_{up}时刻也就是三角成形的峰值时刻。在本章所指定的脉冲序列中，t_{up}时刻对应着第200个采样点，如图5-3所示。前面也讨论过突变时刻t_{jump}在上升时间t_{up}之前或者之后对成形结果的影响是很大的，因此直线修复的第一种情况就讨论突变时刻t_{jump}在t_{up}时刻之前的修复结果以及修复后的成形结果。

图5-5显示的是突变时刻为第149个采样点时的修复结果。通过前面所述的直线修复法的执行过程，设修复直线的表达式为

$$y = kx + b \tag{5-15}$$

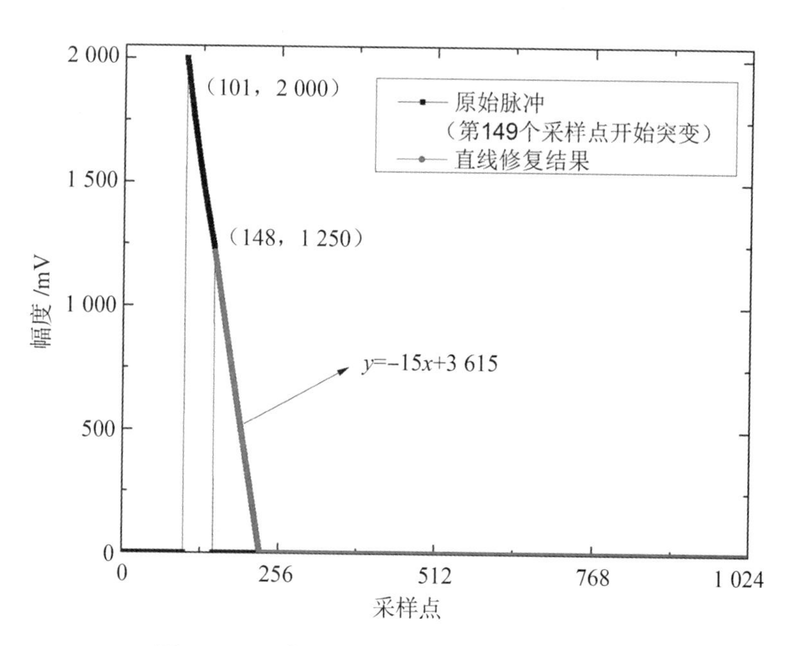

图5-5　t_{up}时刻前脉冲突变的直线修复结果

首先，取突变脉冲的峰值坐标(101，2 000)；然后，取突变前的最后一点的坐标(148，1 250)，根据两点坐标求出修复直线的表达式为

$$y = -16x + 3\ 616 \tag{5-16}$$

由式(5-16)可恢复出突变损失掉的部分采样点，直线修复法的优点是计算简单，缺点是衰减速度快，只能修复出一部分采样点，当修复结果到0以后，其余的采样点也只能以0来补充，修复结果如图5-5所示。

图5-6展示了直线修复后的脉冲的三角成形结果。从图5-6中可以看出，修复后的脉冲成形结果幅度有所损失，在三角成形末端有一个较大的俯冲，导致在大于零的区域内三角成形的脉冲宽度小于完整的负指数脉冲成形结果的宽度。根据前面对伪峰形成原理的描述，如果修复后的成形结果依然在脉冲幅度和宽度上都受到了损失，那么最终得到的能谱图依然会存在伪峰，当然这样的修复结果也是不可取的。

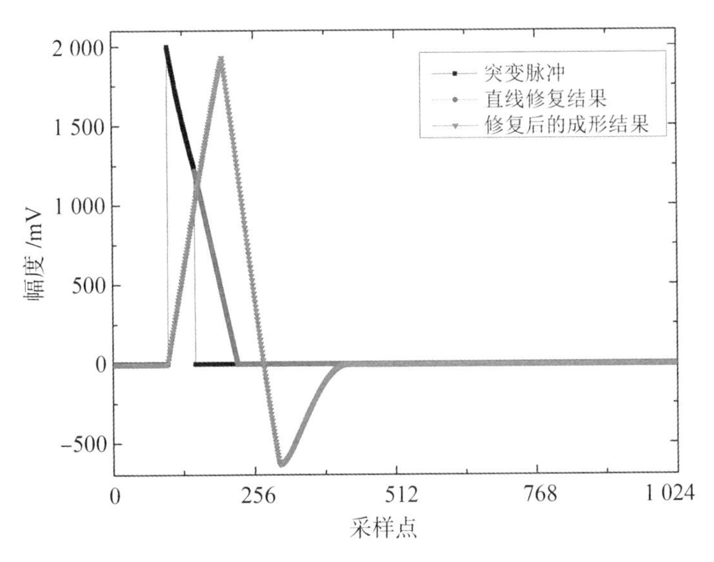

图5-6　t_{up}时刻前脉冲突变的成形结果

2. t_{up}时刻后的脉冲突变修复

直线修复的另一种情况讨论突变时刻在t_{up}时刻之后的脉冲修复结果。同样地，首先设修复直线的表达式为

$$y = kx + b \tag{5-17}$$

然后取峰值坐标(101，2 000)，突变前的最后一点的坐标(511，33)，根据两点坐标求出修复直线的表达式为

$$y = -4.8x + 2\ 485 \tag{5-18}$$

由式(5-18)可求出突变后损失掉的部分采样点，修复结果如图5-7放大区域所示，整个修复过程只修复了6个非零的采样点，衰减速度很快。

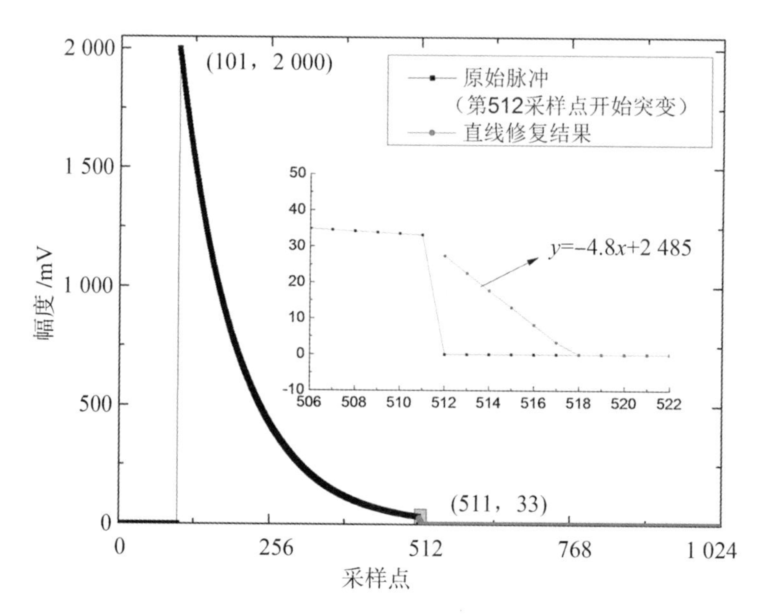

图5-7　t_{up}时刻后脉冲突变的直线修复结果

图5-8展示了直线修复后的脉冲的三角成形结果。从图5-8中可以看出，由于突变时刻在t_{up}时刻之后，所有成形结果的幅度并没有受到影响，但是在负指数脉冲衰减部分的后期，由于直线修复的结果衰减速度远远快

于原有的负指数信号的衰减速度，导致修复后的脉冲成形结果有一个微弱的俯冲。这种修复条件下得到的三角成形结果其脉冲幅度和脉冲宽度都几乎未受到影响。

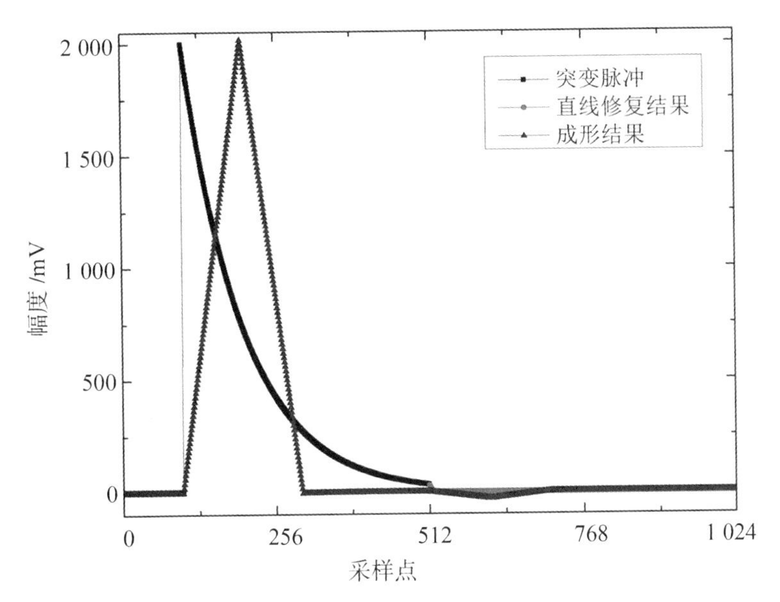

图 5-8　t_{up}时刻后脉冲突变的直线修复及成形结果

根据上述直线修复的结果可以得出，直线修复法存在两个缺陷：一是在直线斜率的计算上，由于每一个峰的峰值点出现位置都不确定，所以每次修复都需要进行寻峰处理，增加了 FPGA 的计算负荷；二是直线修复法对任意时刻突变的修复结果都属于快衰减的方式，这种方式下必然会出现采样点修复不完整的缺点，成形结果也会受到影响，上述实验也证明该修复方法在突变时刻比较靠后的情况下是有效的。但如果突变时刻比 t_{up}时刻要早，那么这种快速衰减的修复方式则无法取得有效的修复效果，直线修复法有待进一步优化。

5.2.3 多点差值修复法

多点差值修复法类似于直线修复法，也是通过两个点或多个点的坐标来修复突变损失的点。但与直线修复法不同的是，多点差值修复法仅需要突变前临近的两个点或多个点，不需要去寻峰值，也不需要求出横坐标的值，简化了计算过程。

假定负指数信号 $v(n)$ 是损失了 $n+1$ 之后的所有采样点，根据负指数脉冲 $v(n)$ 突变前的临近点纵坐标的差值来计算下一个点的纵坐标，求解方法如下。

两点差值法递推公式：

$$v(n+1)=v(n)-[v(n-1)-v(n)] \tag{5-19}$$

三点差值法递推公式：

$$v(n+1)=v(n)-\frac{[v(n-1)-v(n)+v(n-2)-v(n-1)]}{2} \tag{5-20}$$

以此类推，m 点差值法递推公式：

$$v(n+1)=v(n)-\frac{[v(n-1)-v(n)+v(n-2)-v(n-1)+\cdots+v(n-m+1)-v(n-m+2)]}{m-1} \tag{5-21}$$

根据上述递推公式，选取两点差值法、三点差值法和六点差值为例进行修复结果的对比，如图 5-9 所示，虽然三种修复方式所取差值的点数不同，但最终的修复结果并没有大的差异。并且，与直线修复法类似的是，差值修复的结果依然存在衰减速度过快的问题，不能完整地修复出原始脉冲。修复后的成形结果如图 5-10 所示，由于采样点修复不完整，在三角成形的末端依然存在一个较大的俯冲，导致了脉冲宽度受损。

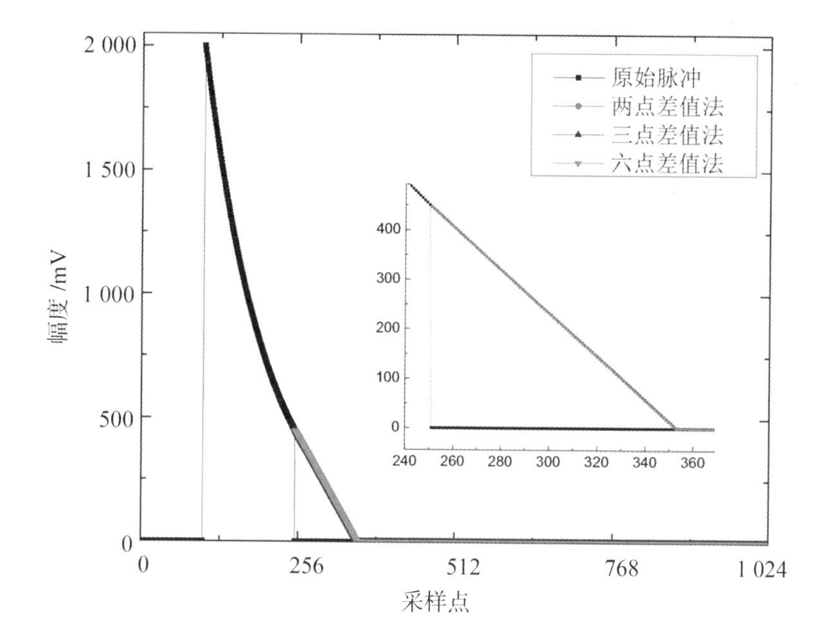

图 5-9　多点差值修复结果

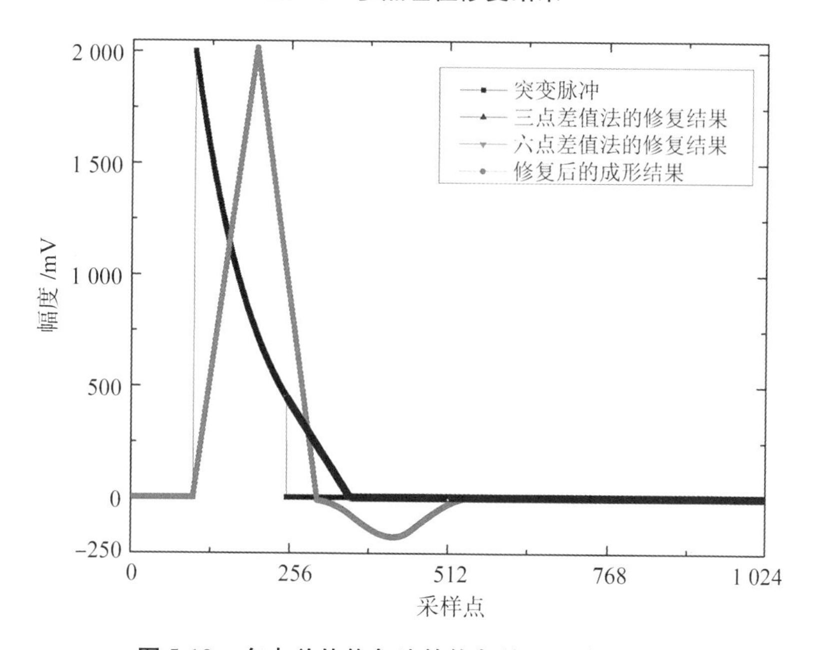

图 5-10　多点差值修复法的修复结果及成形结果

根据上述差值修复的结果可以得出，多点差值修复法依然存在缺陷，多点差值修复法取多个点之间的差值并不能调整负指数脉冲的衰减速度。采用多点差值修复法的修复结果始终属于快衰减的方式，这种方式下依然会出现采样点修复不完整的缺点，成形结果也会受到影响，上述实验也证明该方法的修复结果衰减太快，对采样点的修复不完整，不能得到脉冲宽度和脉冲幅度都尽量与完整的负指数脉冲成形结果保持一致的修复结果，多点差值修复法依然不可取。后面将提出一种可以调整衰减速度的修复方法，并修复出尽可能多的采样点，得到完整的修复结果。

5.2.4 多阶逐次逼近法

由于指数修复和直线修复都存在硬件实现困难的缺点，本研究提出了一种逐次逼近法对突变脉冲进行修复对比。多阶逐次逼近法的关键在于选择最优的阶数(实质就是寻找最理想的衰减速度，最理想的衰减速度可以最大程度地贴合原指数曲线)。多阶逐次逼近法通过加法和除法(右移一位实现除2)实现脉冲修复非常贴合 FPGA 的运算特征，易于实现，具体执行过程如下。

依然假定负指数信号 $v(n)$ 是损失了 $n+1$ 之后的所有采样点。根据对 $v(n)$ 的处理，得出多阶逐次逼近法对 $n+1$ 之后所有丢失的采样点的修复结果如下。

一阶逐次逼近法递推公式：

$$v_1(n+1)=\frac{v(n)+0}{2} \tag{5-22}$$

二阶逐次逼近法递推公式：

$$v_2(n+1)=\frac{v(n)+v_1(n+1)}{2} \tag{5-23}$$

……

m 阶逐次逼近法递推公式：

$$v_m(n+1)=\frac{v(n)+v_{m-1}(n+1)}{2} \tag{5-24}$$

多阶逐次逼近法可以得到若干个修复结果，所有的修复结果都满足一个趋势，修复阶数越高衰减速度就越慢。鉴于篇幅有限，本研究仅选取几种有代表性的修复结果进行分析，如图 5-11 所示。

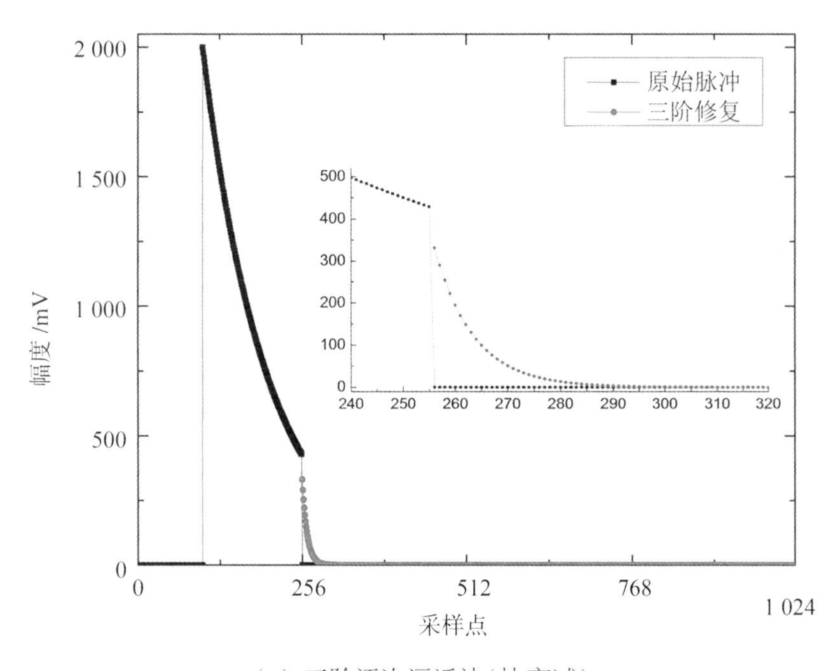

（a）三阶逐次逼近法（快衰减）

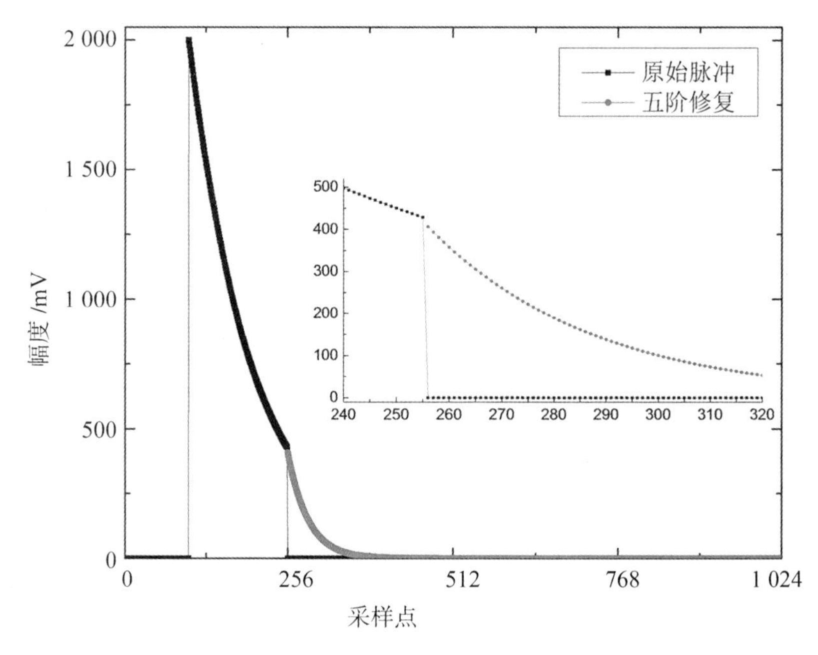

(b) 五阶逐次逼近法(快衰减)

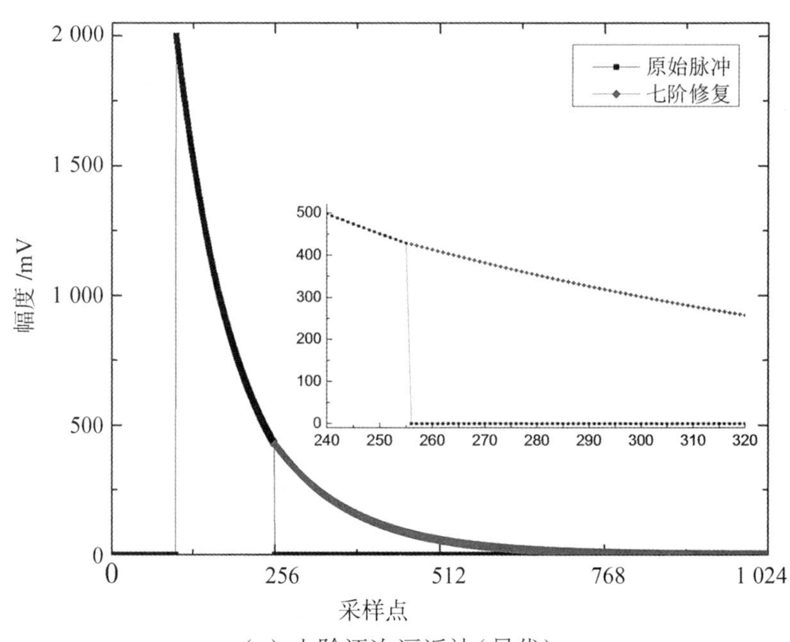

(c) 七阶逐次逼近法(最优)

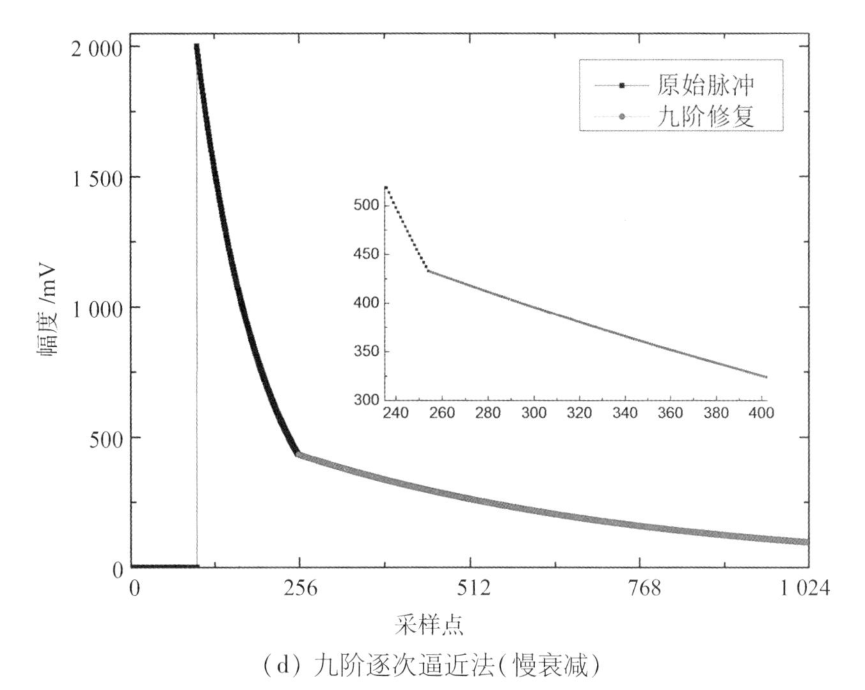

(d) 九阶逐次逼近法(慢衰减)

图 5-11 各阶逐次逼近法的修复结果

其中，图 5-11(a)显示的是三阶逐次逼近法的脉冲修复结果，从放大部分可以很清晰地看到，修复部分的脉冲衰减很快，与原始曲线的衰减速度不匹配；图 5-11(b)显示的是五阶逐次逼近法的脉冲修复结果，修复部分的脉冲衰减速度依然很快，与原始曲线的衰减速度不匹配；图 5-11(c)显示的是七阶逐次逼近法的脉冲修复结果，从放大部分可以看出，修复部分的脉冲衰减趋势与原始脉冲的衰减趋势较为一致；图 5-11(d)显示的是九阶逐次逼近法的脉冲修复结果，从放大部分可以很清晰地看到，修复部分的脉冲衰减很慢，与原始曲线的衰减速度不匹配。

根据上述四种修复结果可以看出，逐次逼近法的阶数越高曲线衰减越慢，三阶逐次逼近和五阶逐次逼近修复的曲线衰减太快，不符合原始曲线的衰减趋势。相比之下，七阶逐次逼近法的修复结果曲线与原始脉冲的衰减趋势最为接近，修复效果达到最佳；九阶逐次逼近法的修复结果曲线衰减较慢，曲线整体上移。最终可以得出结论，在多阶逐次逼近法的对比中，以七阶逐次逼近法的修复效果最佳。

对三阶逐次逼近法和七阶逐次逼近法的修复结果分别进行三角成形，其成形结果如图 5-12、图 5-13 所示。

从图 5-12 中可以看出，三阶逐次逼近法的成形结果幅度受损，后端存在较大的俯冲，成形得到的脉冲宽度也不够。成形幅度减小将会导致测量得到的谱图中特征峰底部宽度被展宽，这在第六章实验结果分析的修复效果小节中将会有详细的实验验证，此处不再赘述。

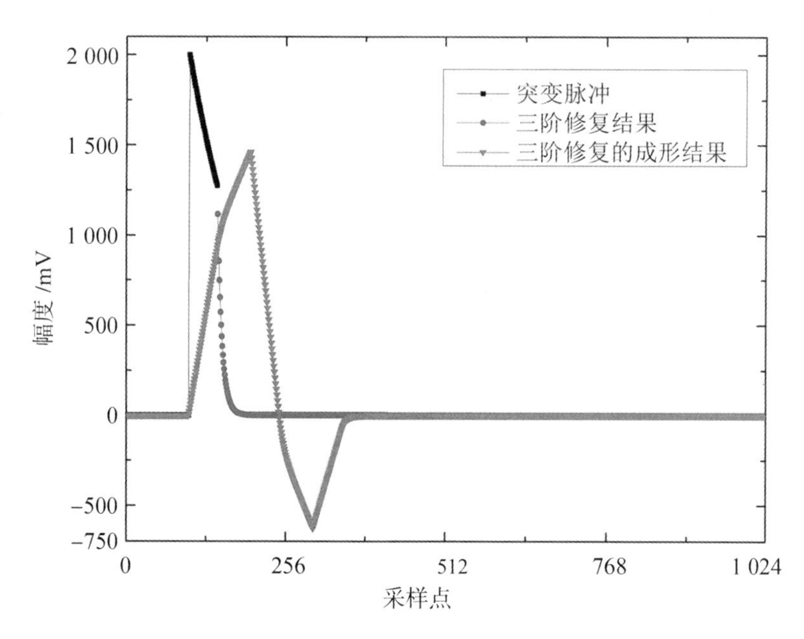

图 5-12　三阶逐次逼近法的成形结果

从图 5-13 中可以看出，七阶逐次逼近法成形结果的脉冲幅度和脉冲宽度都没有受到大的影响，仅在成形结果的末端有微弱的上浮，这对测量得到谱图中的特征峰底部宽度不会有太大影响。更多关于修复结果的分析将在后面的脉冲修复技术的实验结果分析小节中进行详细介绍。

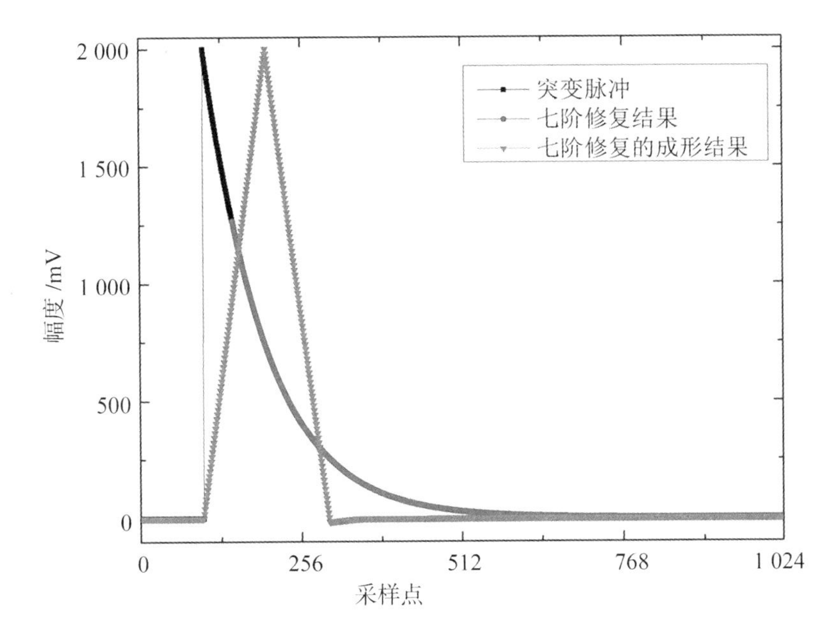

图 5-13　七阶逐次逼近法的成形结果

5.3 脉冲修复技术在 FPGA 中的实现

前面已经详细介绍了脉冲剔除技术在 FPGA 中的实现原理，本节主要介绍脉冲修复技术。脉冲修复技术与脉冲剔除技术最大的差别在于脉冲剔除技术先成形再甄别突变脉冲，甄别的对象是成形结果；而脉冲修复技术先甄别、修复再进行梯形成形，甄别的对象是数字化的负指数脉冲序列。脉冲修复技术在 FPGA 中的实现框图如图 5-14 所示，探测器输出的核脉冲信号首先需要经历前端滤波、脉冲放大和数字化，然后再进入 FPGA 中进行脉冲形状甄别、数字成形和多道成谱。

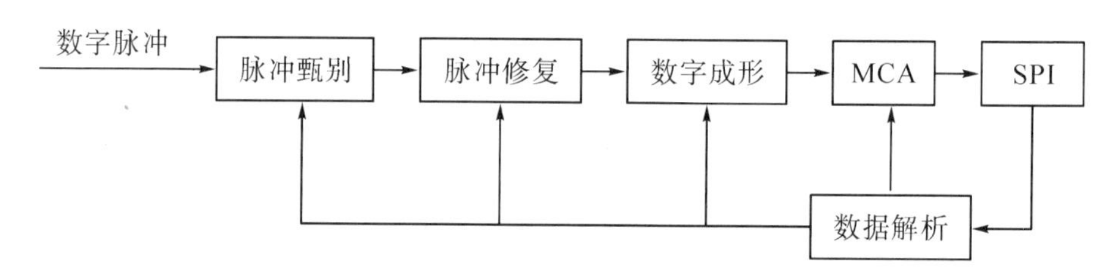

图 5-14　脉冲修复技术在 FPGA 中的实现框图

注：①SPI(serial peripheral interface)，即串行外设接口。

脉冲修复技术的核心在于修复条件的确定。本研究采用的修复条件区别于脉冲剔除技术中对突变脉冲定位的方法，考虑到脉冲突变部分所有采样点瞬间跳变成零的特点，此处对需要修复的突变脉冲采样点的定位采用判零法。在所有脉冲序列中，只要出现为零的采样点都通过七阶逐次逼近法对其进行修复，下一个点若还是为零则继续迭代，直到出现不为零的采样点为止，完成修复后再对负指数脉冲序列进行梯形成形。

为了验证本技术的可行性，本研究在上述模拟结果的基础上采用^{238}Pu 标准源为测量对象，测量过程中，脉冲时间常数设置为 3.2 μs，ADC 采样频率为 20 MHz，采样周期为 50 ns。对实验平台的配置，探测器采用 FAST-

SDD，有效探测面积为 25 mm^2，探测器厚度为 500 μm，铍窗厚度为0.5 mil，测量时间为 120 s。

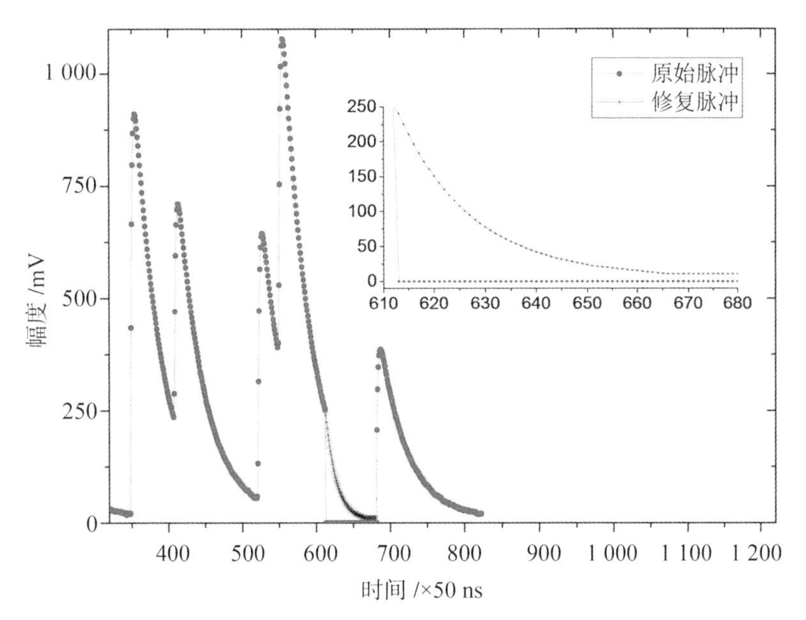

图 5-15　^{238}Pu 标准源的实测脉冲序列

在实际测量过程中，任意抓取的一个脉冲序列图如图 5-15 所示。为了便于观察实验结果，仅截取了部分道址上的脉冲进行分析对比。图 5-15 显示的几个脉冲包含两个重叠峰、一个单峰。在第二个重叠峰的第二个下降沿出现了脉冲突变，如图 5-15 放大区域所示，该脉冲的采样点直接从 250 跳变成了 0，通过前面所述的判零法定位到这些为 0 的采样点后就开始对其进行脉冲修复，修复后的突变脉冲如图 5-15 放大区域所示，丢失的采样点得以修复，突变脉冲也近似恢复了原有的衰减趋势。将修复后的脉冲序列进行三角成形，经过后端电路的处理最终得到相应的谱图，通过对谱图中每个峰的峰面积的精确分析，可以完成对脉冲修复技术的定量分析，对修复的效果有一个直观的量化。

5.4 脉冲修复技术的实验验证

5.4.1 以 ^{55}Fe 标准源为测量对象的谱分析实验

为了便于对比，脉冲修复技术的实验测量对象和实验平台配置、实验参数都与脉冲剔除技术保持一致。本节的验证部分以 ^{55}Fe 标准源为测量对象，普通样品的实验结果分析将在第六章实验结果分析与讨论中进行详细介绍。实验选择 FAST-SDD 作为探测器，它的有效探测面积为 25 mm^2，探测器厚度为 500 μm，铍窗厚度为 0.5 mil，在 5.9 keV 时能量分辨率为 122 eV。衰减时间常数 $\tau = RC$，电路中 $R = 680\ \Omega$，$C = 4\ 700$ pF，即 $\tau = 3\ 196$ ns。ADC 采样频率为 20 MHz，采样周期为 50ns。

图 5-16 是 ^{55}Fe 标准源测量谱图，测量时间为 120 s，测量结果显示在 $K\alpha$(能量为 5.898 keV) 和 $K\beta$(能量为 6.49 keV) 特征峰的前面不仅有逃逸峰，还有一个未知的伪峰。经理论分析和实验得出，这个未知伪峰的出现是由于开关复位型前置放大器复位频繁，而三角成形的时间比实际脉冲宽度更长，导致 FPGA 记录到错误的脉冲信号，最终在谱图上呈现为全能峰前的一个伪峰。在 FPGA 中通过突变脉冲定位，修复错误脉冲达到消除伪峰的效果，修复前后得到 X 射线谱图如图 5-16 所示(为突出显示，X 射线谱对照图采用了对数坐标系)。

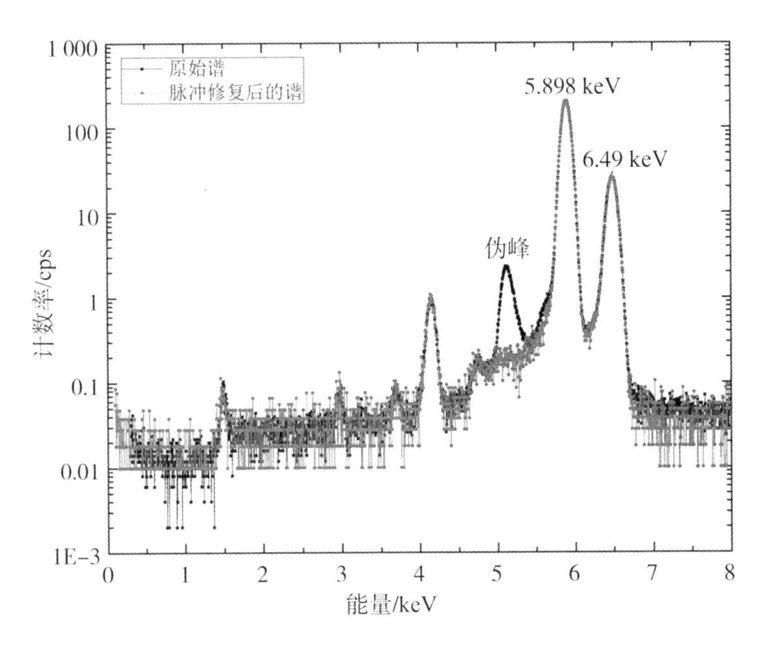

图 5-16　^{55}Fe 标准源处理前后的测量谱图

5.4.2 以铁矿样品为测量对象的谱分析实验

当测量对象是铁矿样品时，探测器依然选择 FAST-SDD，它的有效探测面积为 25 mm^2，探测器厚度为 500 μm，铍窗厚度为 0.5 mil。激发源采用科颐维 KYW2000A 型 X 光管，额定管压为 50 kV，额定管流为 0 ~ 1 mA。后端脉冲处理电路中 $R = 680\ \Omega$，$C = 4\ 700$ pF，即 $\tau = 3\ 196$ ns。ADC 采样频率为 20 MHz，采样周期为 50 ns，测量结果如图 5-17 所示。

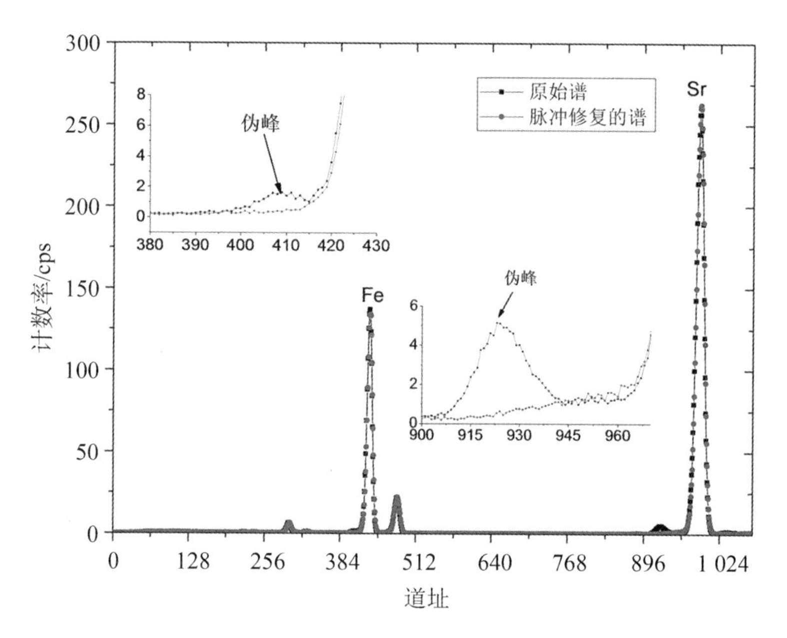

图 5-17　铁矿样品处理前后的测量谱图

图 5-17 的铁矿样品的测量谱图，主元素为 Sr、Fe，其他元素成分含量比较低，除几个主要的全能峰外还包含多个弱峰，没有处理突变脉冲得到的谱图中在计数率高的全能峰前面出现了伪峰，这样的伪峰很可能叠加在某些微弱元素的全能峰上，这对微弱元素谱线的精细分析造成了极大的影响。采用脉冲修复技术对突变脉冲进行处理后消除了由开关复位型前置放大器引起的伪峰，使得被伪峰淹没的弱峰显现出来，如图 5-17 中放大部分的谱线对照图所示。

5.5 本章小结

本章详细介绍了指数递推算法、直线修复法、多点差值修复法以及多阶逐次逼近法等脉冲修复方法，对修复前后的三角成形结果进行了对比，筛选出修复效果最佳并且最易于硬件实现的修复方法，并通过实验对修复结果进行了验证。实验结果表明脉冲修复技术可以有效地修复突变脉冲，消除伪峰。通过本章的研究可以得出如下结论。

(1)脉冲修复技术的关键在于确定修复条件，通过对采样点的值进行判断，逢零就开始调用修复技术。

(2)在对脉冲修复技术进行选择时，虽然指数递推算法、直线修复法、多点差值修复法以及多阶逐次逼近法都可以修复突变脉冲，但考虑到指数递推算法在硬件中实现困难；直线修复法和多点差值修复法衰减太快，采样点修复不完整，修复效果不佳；而多阶逐次逼近法不但可以通过选择不同的阶数来调节修复脉冲的衰减速度，而且在 FPGA 中实现起来也较为简单，因此在实际测量中采用多阶逐次逼近法对突变脉冲进行修复。

(3)不同样品的实验结果表明，脉冲修复技术可以有效地消除全能峰前面突变脉冲引起的伪峰。

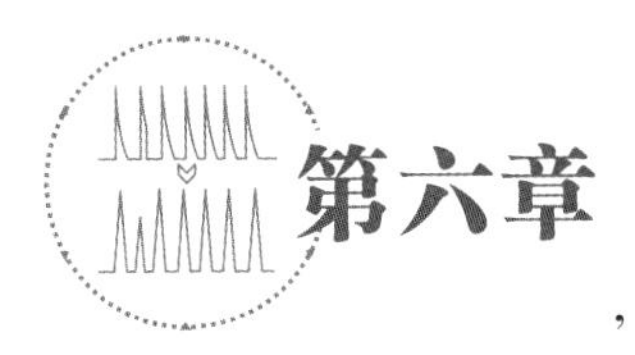

第六章

实验结果分析与讨论

6.1 实验平台配置

在本章的实验结果分析与讨论中，需要验证的几种突变脉冲处理技术主要包括脉冲剔除技术和脉冲修复技术。对于整个测量系统而言，这两种脉冲处理技术的有效性在最终得到的谱图中是可以进行定性、定量分析的，其详细分析过程后面将以自制的铁锡锶样品为测量对象进行介绍。

铁锡锶样品采用不同脉冲处理技术进行测量时，测量平台保持不变。探测器始终选择 FAST-SDD，它的有效探测面积为 25 mm^2，探测器厚度为 500 μm，铍窗厚度为 0.5 mil，阳极靶材选用 Ag 靶，激发源采用科颐维 KYW2000A 型 X 光管，额定管压为 50 kV，额定管流为 0 ~ 1 mA。实际测量时，重元素模式下设置管压为 49.0 kV，管流为 196.1 μA；轻元素模式下设置管压为 15.7 kV，管流为 39.2 μA。后端脉冲处理电路中 $R = 680\ \Omega$，$C = 4\ 700$ pF，即 $\tau = 3\ 196$ ns。ADC 采样频率为 20 MHz，采样周期为 50 ns。

为了完整地分析各个能量段的元素计数率，本研究的待测样品采用的是自制的铁锡锶样品，在各个能量段都有待测元素分布。

以铁元素为界，铁锡锶样品中既包含多种轻元素，如 Ti、Mg、Si、Fe 等，也包含 Sr、Sn 等重元素。为了准确测量各种元素的含量值，铁锡锶样品采用轻元素模式和重元素模式分别测量。在轻元素模式中，需要对测量环境抽真空，根据测量得出的谱线计算出 Ti、Mg、Si、Fe 元素含量。在重元素模式中，不需要抽真空，但需要添加滤片，同样根据测量得到的谱图计算出 Fe、Sr、Sn 元素含量。两种模式下的测量条件不同，得到的谱图也不相同，如图 6-1 所示。即便是同一样品在不同测量条件下得到的测量结果也不具有可比性，因此在接下来的章节中，两种脉冲处理技术的实验结果分析都是在重元素模式测量得到的谱图基础上进行的，对于轻元素模式的测量结果则不再赘述。

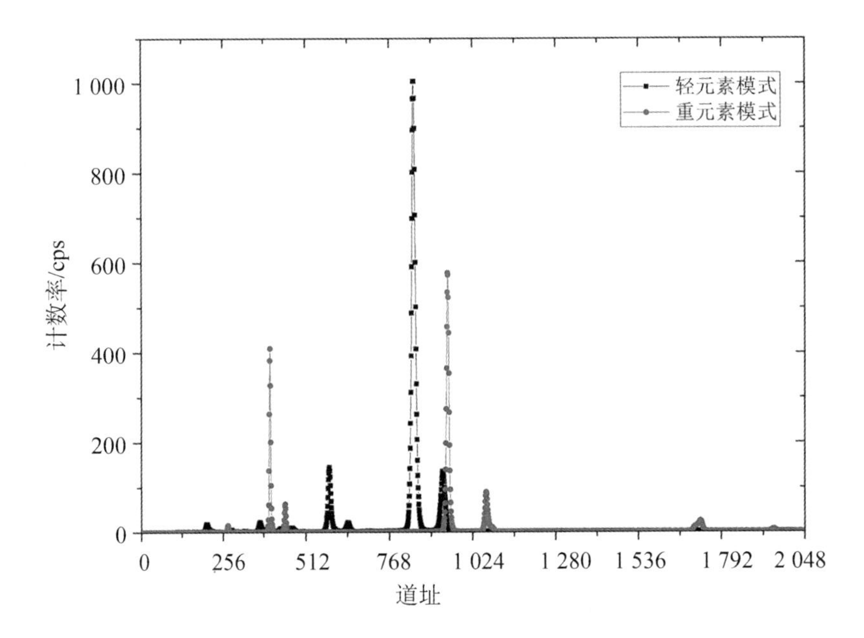

图 6-1　不同模式测量谱图对比

6.2 脉冲剔除技术的实验结果分析

6.2.1 脉冲剔除技术的定性分析

脉冲剔除技术的定性分析主要包括伪峰消除和计数率损失两个方面的内容，在实验环节中以自制的铁锡锶样品为测量对象，将采用脉冲剔除技术得到的谱图与原始谱进行对比，详细分析如下。

图 6-2 是铁锡锶样品在采用脉冲剔除技术处理突变脉冲前后测量得到的谱对照图，含量较高的几种元素为 Fe、Sr、Sn，其他元素成分含量较低，测量得到的谱图中除几个主要元素的全能峰外还包含多个弱峰。没有经过突变脉冲处理的谱图中在计数率较高的 X 射线特征峰前面出现了伪峰，这样的伪峰很可能叠加在某些微弱元素的全能峰上，这对微弱元素谱线的精细分析造成了极大的影响。如图 6-2 所示的谱图标出了几个主要元素的峰，包括 Fe、Sr、Sn 等。

如图 6-2 放大部分所示，在不对突变脉冲进行处理得到的原始谱中，Fe 元素和 Sr 元素的特征峰前面都有一个由突变脉冲造成的伪峰，这种伪峰可能会叠加在某些微弱元素的特征峰上不利于微弱元素的甄别。采用脉冲剔除技术后测量得到的谱图有效地消除了伪峰，得到了更精确的谱图，也更加有利于对复杂样品中的微弱元素进行甄别。

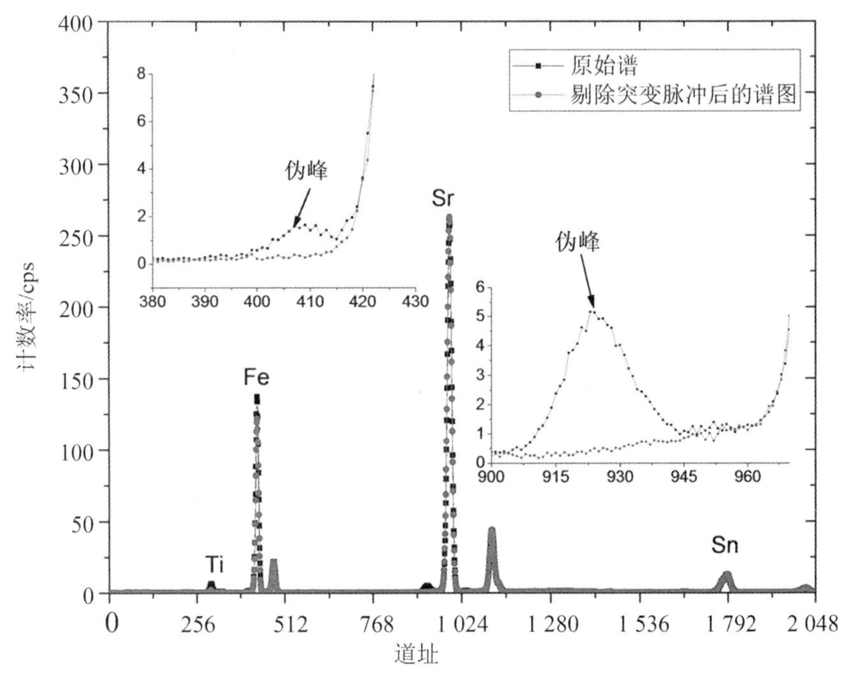

图 6-2　脉冲剔除前后的伪峰消除效果对比图

在消除伪峰的同时，脉冲剔除技术也存在计数率损失的缺陷，不仅仅是因为丢弃突变脉冲造成的计数率损失，还包括对低能段脉冲的误剔除。在铁锡锶样品的谱图中除几个计数率较高的峰以外还包含几个弱峰，如 Fe 元素前面的 Ti 元素，这些微弱元素本身含量低，能量也低，探测器输出的脉冲幅度较小，可能一点噪声或者测量系统的一点误差都会对这种微弱信号产生较大的干扰，而这种干扰产生的脉冲幅度的抖动很可能造成脉冲剔除算法的误判，将这样的脉冲视为突变脉冲剔除。在突变脉冲的比例分析小节中将对低能段产生的误剔除进行详细分析，此处则不再赘述。

如图 6-3 所示的 Ti 元素和 Fe 元素的特征峰，Fe 元素特征峰的计数率受到了影响，但相比 Ti 元素而言，这种影响并不明显。由于 Ti 元素本身计数率就较低，在被误剔除后计数率损失尤为明显，这将对元素含量的分析造成极大的影响。

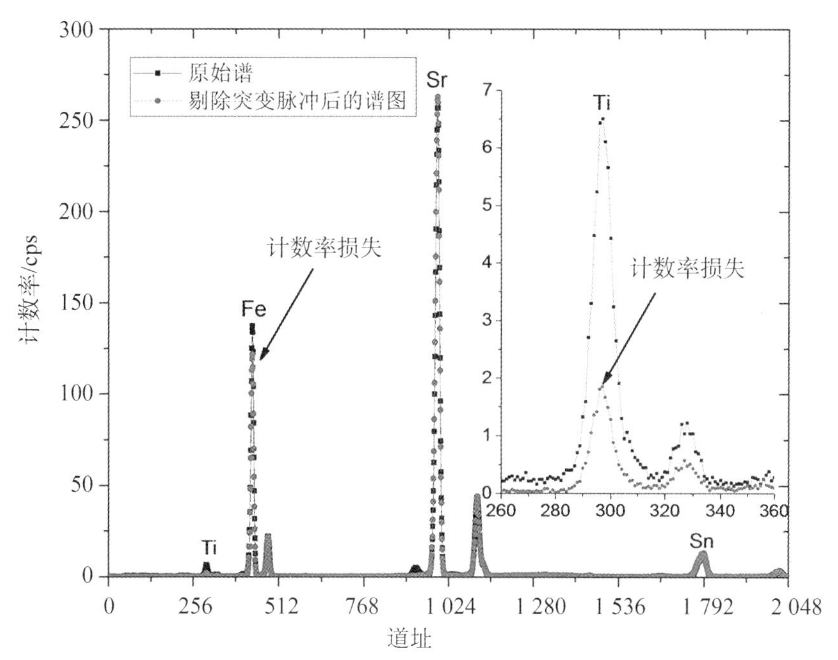

图 6-3　脉冲剔除前后的计数率对照图

6.2.2　脉冲剔除技术的定量分析

脉冲剔除技术的定量分析主要包括突变脉冲的剔除数量，剔除比例以及剔除突变脉冲前后样品中各主要元素的计数率等内容，在实验环节中以自制的铁锡锶样品为测量对象，将采用脉冲剔除技术得到的图谱与原始谱进行对比，详细分析如下。

以铁锡锶样品为例，在能量色散 X 荧光分析仪的测试窗口中取 4 个元素的全能峰的峰面积进行对比，包括 Ti、Fe、Sr、Sn 等元素。其中，Ti 元素的道址范围为 290 ~ 308；Fe 元素包含 $K\alpha$ 和 $K\beta$ 两个特征峰，此处仅选择 $K\alpha$ 峰进行分析，道址范围为 416 ~ 492；Sr 元素也包含两个特征峰，此处同样选择第一个，道址范围为 909 ~ 1 015；Sn 元素取道址范围为 1 698 ~ 1 910。在选定的道址范围内测量得出每种元素在不同突变脉冲处理技术下得到的峰面积，见表 6-1 所列。

表 6-1　脉冲剔除前后得到的测量结果对比

元素种类	S_{origin}	$S_{eliminate}$	$Q_{eliminate}$
Ti	7 242	2 058	71. 58%
Fe	207 453	185 923	10. 38%
Sr	521 268	517 103	0. 80%
Sn	47 648	46 735	1. 92%

表 6-1 中，$S_{eliminate}$ 表示剔除后的峰面积，S_{origin} 表示不处理突变脉冲时原始谱的峰面积，$Q_{eliminate}$ 表示由于剔除突变脉冲造成的峰面积损失的比例(简称剔除比例)，剔除比例与峰面积的关系为

$$Q_{eliminate} = (S_{origin} - S_{eliminate})/S_{origin} \tag{6-1}$$

在脉冲处理环节中，除突变脉冲外还有一些堆积严重、畸变严重等不符合测量要求的脉冲，因此不处理突变脉冲和采用脉冲剔除技术两次测量结果中都会存在对剔除脉冲的计数。但采用脉冲剔除技术后的剔除脉冲计数会明显增高，相对于不处理突变脉冲得到的脉冲剔除计数，增高这一部分的计数可近似认为就是剔除的突变脉冲的计数。

不处理突变脉冲时剔除掉的脉冲数量为 75 990，道址数为 2 048，从而估算出测量系统死时间为 3. 09% 。采用脉冲剔除技术时得到的剔除脉冲计

数为 143 608，两者之差为 67 618，暂时忽略统计涨落和低能段误剔除的影响可以粗略估计突变脉冲的数量为 67 618，占全谱脉冲总数的比例约为 6.98%。与表 6-1 四种元素的剔除比例相比，很容易看出低能段的 Ti 元素剔除比例远远高于全谱总的剔除比例，由此推断出通过这种方法计算出的突变脉冲数量包含了误剔除脉冲，这种误剔除是由脉冲剔除算法本身造成的，在进行算法优化之后可以尽可能地消除这部分误剔除，这在突变脉冲比例分析中将会详细介绍。

如图 6-3 所示的测量结果中，测量时间为 120 s，原始谱的计数率为 8.076×10^3 cps，剔除突变脉冲后的计数率为 7.676×10^3 cps。从图 6-3 所示的谱图中也可以看出，高能段元素的特征峰在采用脉冲剔除技术前后得到的计数率差异较小，所以在此仅对低能段的 Ti 元素和 Fe 元素的特征峰计数率进行分析。采用脉冲剔除技术之后，剔除掉的这部分脉冲导致测量得到的谱图中待测元素特征峰计数率降低，如图 6-4 所示，C_{Ti}和 C_{Fe}分别代表 Ti 元素和 Fe 元素特征峰的峰值计数率。

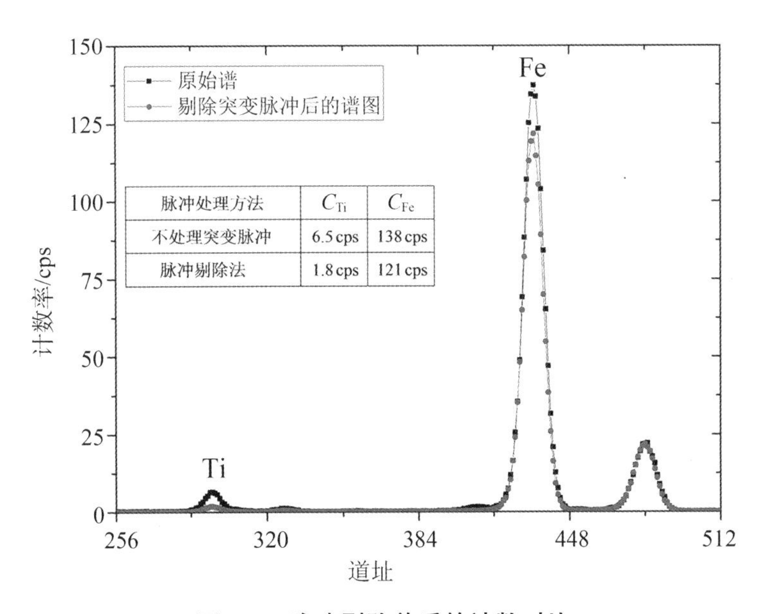

脉冲处理方法	C_{Ti}	C_{Fe}
不处理突变脉冲	6.5 cps	138 cps
脉冲剔除法	1.8 cps	121 cps

图 6-4　脉冲剔除前后的计数对比

在剔除突变脉冲之前，Ti 元素 $K\alpha$ 峰的峰值计数率为 6. 5 cps，Fe 元素 $K\alpha$ 峰的峰值计数率为 138 cps；在采用脉冲剔除技术后，Ti 元素 $K\alpha$ 峰的峰值计数率降低到 1. 8 cps，Fe 元素 $K\alpha$ 峰的峰值计数率降低到 121 cps。由此可以得出，脉冲剔除技术虽然消除了待测元素全能峰之前的伪峰，但也损失了部分计数率，尤其是低能段元素的计数率。

6.3 脉冲修复技术的实验结果分析

6.3.1 脉冲修复结果分析

根据脉冲修复技术章节中对多阶逐次逼近法的描述以及如图 5-12 所示的不同阶数的修复结果可以看出，逐次逼近法的阶数越高，修复曲线衰减越慢。三阶逐次逼近法和五阶逐次逼近法修复的曲线衰减太快，不符合原始脉冲的衰减趋势。相比之下，七阶逐次逼近法的修复结果与原始脉冲的衰减趋势最为接近，修复效果最佳；九阶逐次逼近法的修复结果衰减较慢，修复后的曲线整体上移。此处分别采用三阶逐次逼近法和七阶逐次逼近法对突变脉冲进行修复，并将修复得到的测量谱图与原始谱进行对比，如图 6-5 所示。

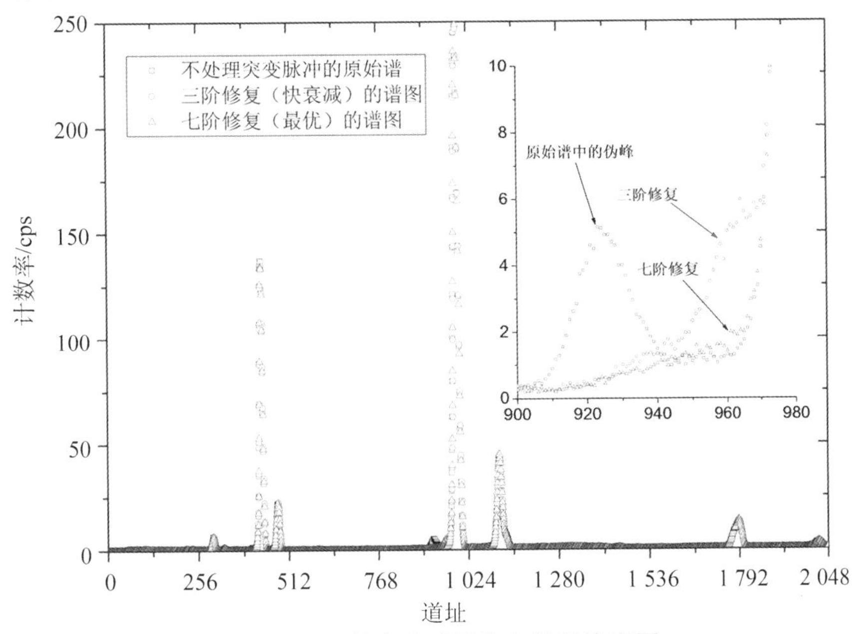

图 6-5　不同修复方式的修复结果比照图

三阶逐次逼近法的优点在于计算过程简单，效率高，可以剔除掉绝大部分伪峰，但由于修复过程中衰减太快，脉冲成形的宽度和幅度都受到了影响，导致在特征峰底部宽度增大，如图 6-5 放大部分所示的红色谱线所示。

采用七阶逐次逼近法修复的脉冲成形结果几乎没有受到影响，既可以有效消除伪峰，也不会造成特征峰底部宽度被增加。在前面多阶逐次逼近法小节中对不同修复方式的成形结果已经做了详细讨论，此处就不再赘述。通过本小节的实验也再次验证了多阶逐次逼近法的关键就在于找到合适的衰减速度，本研究经过模拟和实验得出七阶逐次逼近法是目前得到的最优的修复方式。

6.3.2 脉冲修复定性分析

脉冲修复技术的定性分析主要包括伪峰消除和计数率校正两个方面的内容，在实验环节中以自制的铁锡锶样品为测量对象，将采用脉冲剔除技术和脉冲修复技术得到的谱图与原始谱进行对比，详细分析如下。

图 6-6 展示了铁锡锶样品不处理突变脉冲得到的原始谱和采用脉冲修复技术处理突变脉冲时得到的谱图。图 6-6 中除主元素 Fe、Sr、Sn 外还包括 Ti 等含量较低的微弱元素，右侧放大区域可以很直观地看出脉冲修复技术得到的谱图中有效地消除了 Fe 元素和 Sr 元素的特征峰前面由突变脉冲造成的伪峰。

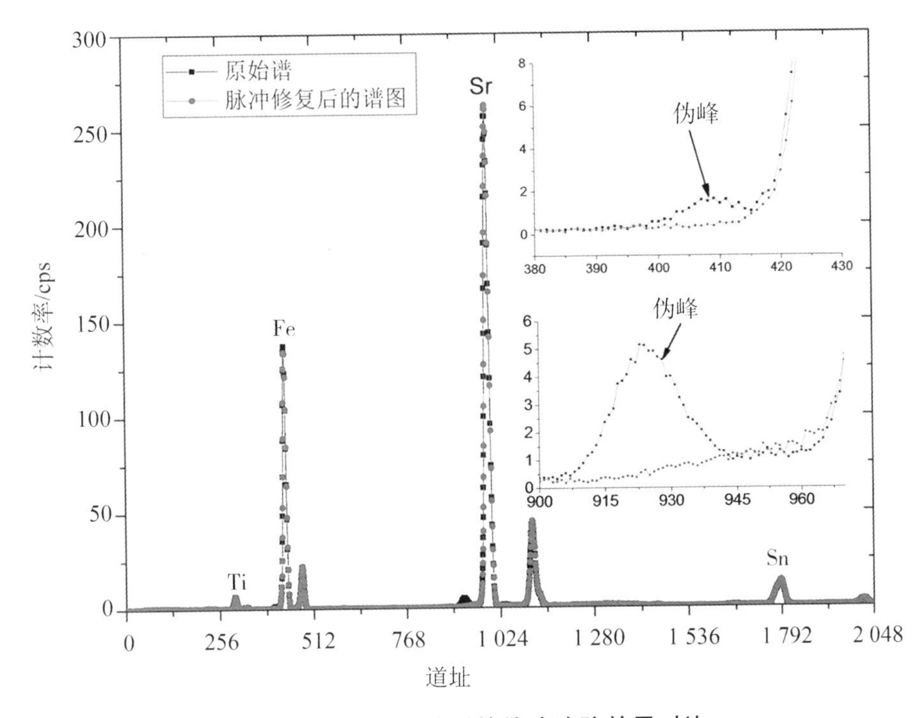

图 6-6　脉冲修复前后的伪峰消除效果对比

图 6-7 是铁锡锶样品分别采用脉冲剔除技术、脉冲修复技术和不处理突变脉冲时得到的三个谱图。在谱图放大区域中可以很直观地看出，脉冲剔除技术和脉冲修复技术都可以有效地消除伪峰，但脉冲剔除技术在低能段中易造成误剔除，导致低能段待测元素的计数率受损；而脉冲修复技术在消除伪峰的同时也可以保证计数率不受损失，这对谱线的精确分析和元素含量的计算具有重大意义，尤其是对铁锡锶样品中 Ti 这样含量较低的微弱元素含量的计算。

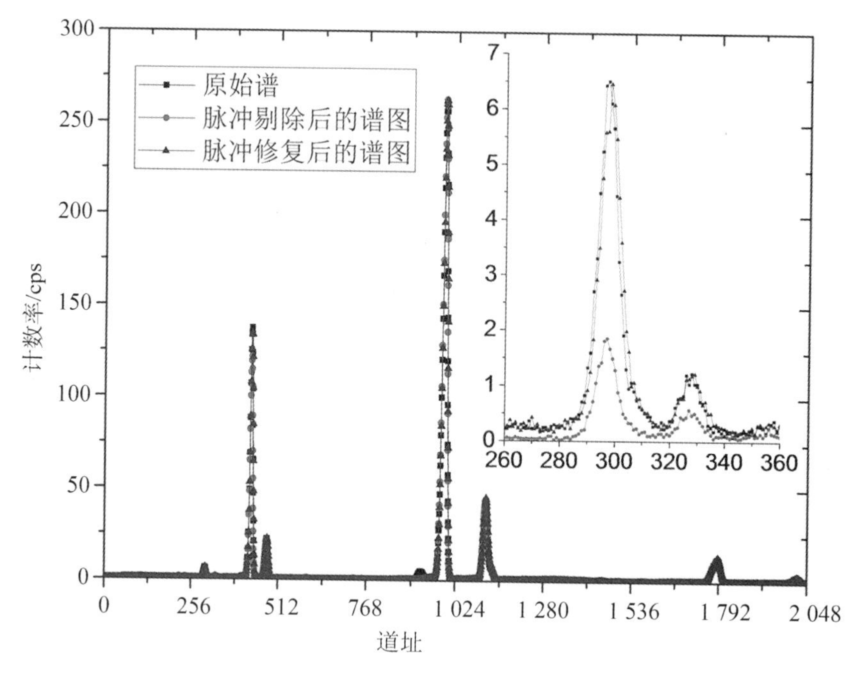

图 6-7　脉冲修复前后的计数率修复对比

6.3.3　脉冲修复定量分析

脉冲修复技术的定量分析主要包括脉冲修复相比于脉冲剔除峰面积的增加比例以及剔除突变脉冲前后样品中各主要元素的计数率等内容。在实验环节中，以自制的铁锡锶样品为测量对象，将采用脉冲剔除技术和脉冲修复技术得到的图谱与原始谱进行对比，详细分析如下。

以铁锡锶样品为例，不处理突变脉冲和采用脉冲剔除技术、脉冲修复技术时都对剔除掉的脉冲做一个计数，三次测量结果中都存在脉冲剔除的计数。但采用脉冲剔除技术后的剔除计数会明显增高，脉冲修复技术得到的脉冲剔除脉冲计数值相对较低。采用 CIT-3000SMD 能量色散 X 荧光分析仪对不同的突变脉冲处理技术得到的实验结果进行谱分析，分析窗口如图 6-8 所示。

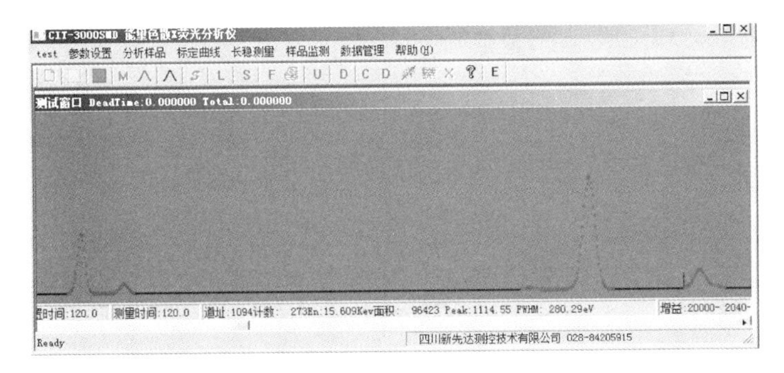

图 6-8 能量色散 X 荧光分析仪测试窗口

在能量色散 X 荧光分析仪的测试窗口中，任取 4 个元素的全能峰的峰面积进行对比，包括 Ti、Fe、Sr、Sn 等元素。其中，Ti 元素的道址范围为 290 ~ 308；Fe 元素包含了 $K\alpha$ 和 $K\beta$ 两个特征峰，此处仅选择 $K\alpha$ 峰进行分析，道址范围为 416 ~ 492；Sr 元素也包含两个特征峰，此处同样选择 Kα 峰进行分析，道址范围为 909 ~ 1015；Sn 元素的道址范围为 1 698 ~ 1 910。在选定的道址范围内得出每种元素在不同突变脉冲处理技术下得到的峰面积，见表 6-2 所列。很容易看出，脉冲剔除技术得到的峰面积整体上都小于不处理突变脉冲时的峰面积，而采用脉冲修复技术得到的峰面积则与不处理突变脉冲时的峰面积近似相等。

前面已经验证了脉冲修复技术可以有效地剔除伪峰，同时保证计数率不受损失。此处对采用修复比例的概念对脉冲修复进行量化，修复比例根据式(6-2)得出：

$$Q_{repair} = (S_{repair} - S_{eliminate}) / S_{origin} \tag{6-2}$$

计算结果见表 6-2 所列。

表 6-2 脉冲剔除前后得到的测量结果对比

元素种类	S_{origin}	$S_{eliminate}$	$Q_{eliminate}$	S_{repair}	Q_{repair}
Ti	7 242	2 058	71.58%	7 072	69.65%
Fe	207 453	185 923	10.38%	209 928	11.57%
Sr	521 268	517 103	0.80%	520 957	0.74%
Sn	47 648	46 735	1.92%	48 206	3.09%

表6-2中，Q_{repair}表示修复后的峰面积相比于剔除后的峰面积增加的比例（简称修复比例）；S_{repair}表示修复后的峰面积；$S_{eliminate}$表示剔除后的峰面积；S_{origin}表示不处理突变脉冲时原始谱的峰面积。

从表6-2中可以看出，四种待测元素的峰面积剔除比例和修复比例近似相等，也就是说，修复后的峰面积与原始谱的峰面积是近似相等的，脉冲修复既消除了伪峰，也保证了计数率不受损失。采用脉冲剔除技术之后，剔除掉的这部分脉冲导致测量得到的谱图中待测元素特征峰计数率降低，脉冲修复技术则可以在消除伪峰的同时保证计数率不受损失，如图6-9所示，以Fe元素和Ti元素为例，C_{Ti}和C_{Fe}分别代表Ti元素、Fe元素两个特征峰的峰值计数率。

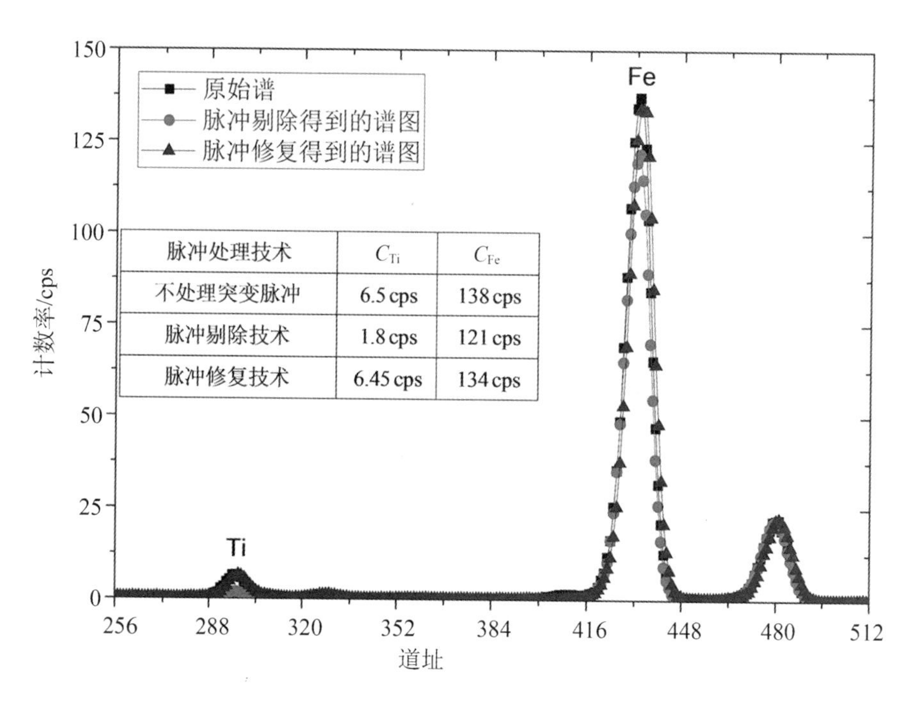

脉冲处理技术	C_{Ti}	C_{Fe}
不处理突变脉冲	6.5 cps	138 cps
脉冲剔除技术	1.8 cps	121 cps
脉冲修复技术	6.45 cps	134 cps

图6-9　不同突变脉冲处理技术的计数率对比

在剔除突变脉冲之前，Ti 元素特征峰的峰值计数率为 6.5 cps，Fe 元素 $K\alpha$ 特征峰的峰值计数率为 138 cps，采用脉冲剔除技术后 Ti 元素特征峰的峰值计数率降低到 1.8 cps，Fe 元素 $K\alpha$ 峰的峰值计数率降低到 121 cps。采用脉冲修复技术后，Ti 元素特征峰的峰值计数率为 6.45 cps，Fe 元素 $K\alpha$ 峰的峰值计数率为 134 cps，与不处理突变脉冲时得到的计数率相比基本可以视为计数率不受损失。由此得出，脉冲修复技术既可以消除突变脉冲造成的伪峰，也不会对计数率造成损失，有效地弥补了脉冲剔除技术在计数率损失上的缺陷。

6.4 突变脉冲比例分析

对于计数率不同的样品，产生突变脉冲的比例也是不同的。在相同的实验平台下，分别选取不同量级的样品进行测量，如铁锡锶样品，计数率约为 8.07×10^{3} cps；^{238}Pu 标准源，计数率约为 5.251×10^{4} cps，各样品的谱对照图如图 6-10 所示。

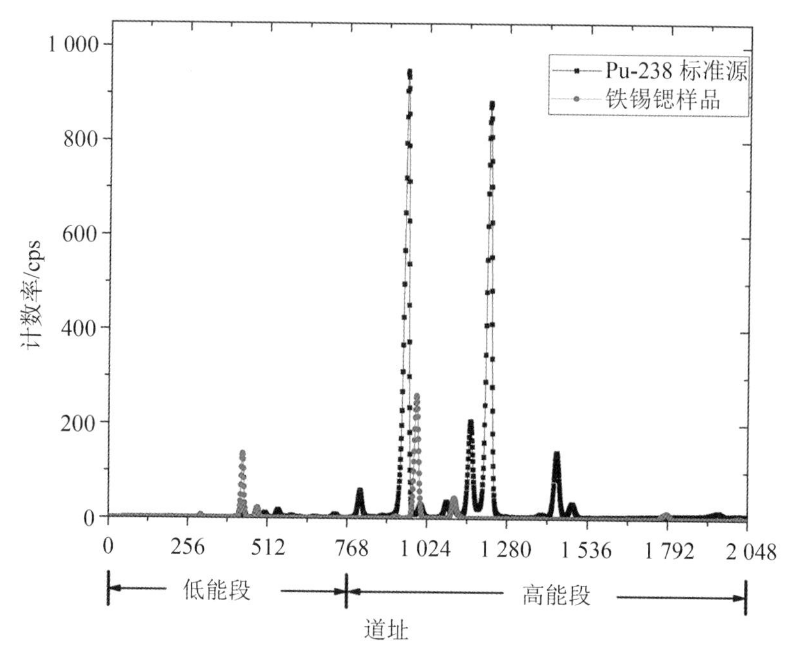

图 6-10 几种代表性样品的谱对照图

理论上说，计数率越高的样品，产生突变脉冲的可能性就越大。本研究对突变脉冲发生比例的量化通过计算计数率的修复比例来完成，以变量

Q 表示计数率的修复比例，C_{repair} 表示采用脉冲修复技术得到的全谱计数率之和，C_{origin} 表示不处理突变脉冲得到的原始谱计数率之和，$C_{eliminate}$ 表示采用脉冲剔除技术得到的全谱计数率之和，上述变量之间的关系为

$$Q = (C_{repair} - C_{eliminate}) / C_{origin} \tag{6-3}$$

如图 6-10 所示，根据被测样品能量的高低定义：0 ~ 768 道址范围为低能段，769 ~ 2048 道址范围为高能段，各样品的突变脉冲比例分析结果见表 6-3 所列。前面已经详细叙述了低能段弱峰的剔除比例中很大一部分是误剔除。表 6-3 中，变量 $Q_{1\sim768}$ 表示低能段的计数率修复比例，选取不同样品时测量得到的值分别为 9. 60%、17. 38%，远远高于高能段的计数率修复比例 $Q_{769\sim2\,048}$ 以及全谱范围内的计数率修复比例 $Q_{1\sim2\,048}$。

对低能段范围内每 128 个道址进行细分，每个小区间的计数率修复比例见表 6-3 所列。可以看出，在 1 ~ 128 的道址区间内，铁锡锶样品和 ^{238}Pu 标准源的计数率修复比例都远远高于全谱总的修复比例；对铁锡锶样品而言，该道址区间内的修复比例更是达到全谱范围的数十倍。由此可以推断，低能段剔除的脉冲中误剔除脉冲所占比例远远高于突变脉冲的比例，下面将对误剔除产生的原因及解决办法进行详细分析。

本研究所采用的 X 射线光谱测量系统处理的核脉冲信号经主放电路放大之后幅度范围在 0 ~ 2 V，道址数量为 2 048。由此得出，在 1 ~ 128 道址区间内核脉冲信号的幅度为 1 ~ 128 mV，在 769 ~ 2 048 道址区间内核脉冲信号的幅度约为 769 ~ 2 000 mV。

在脉冲剔除算法中，本研究采取的是在 t_{up} 时刻对采样点进行判零的方法。对于幅度较小的脉冲信号，脉冲信号上的一点毛刺或者抖动都有可能造成剔除算法将其误判为突变脉冲进行剔除。高能段的核脉冲信号幅度较

大，即便存在噪声干扰或者信号上存在毛刺也不至于到基线位置，因此很少出现误剔除现象。针对上述问题，笔者在接下来的研究工作中将对脉冲剔除算法做出改进，将单点为零的剔除算法改进为多点为零则剔除的算法，每次甄别时判断 t_{up} 时刻之后五个点，如果五个点全都为零则将该脉冲判定为突变脉冲进行剔除。改进脉冲剔除算法前后得到的测量结果对比见表 6-3 所列。

表 6-3　改进脉冲剔除算法前后得到的测量结果对比

		铁锡锶样品（单点剔除）	铁锡锶样品（多点剔除）	^{238}Pu 标准源（单点剔除）	^{238}Pu 标准源（多点剔除）
C_{origin}/cps		8.076×10^3	8.076×10^3	5.259×10^4	5.259×10^4
$C_{eliminate}$/cps		7.676×10^3	7.924×10^3	5.114×10^4	5.123×10^4
C_{repair}/cps		8.083×10^3	8.083×10^3	5.270×10^4	5.270×10^4
$Q_{1\sim768}$	$Q_{1\sim128}$	103.30%	8.37%	85.66%	8.36%
	$Q_{129\sim256}$	96.06%	7.60%	3.78%	3.25%
	$Q_{257\sim384}$	69.31%	9.59%	0.72%	3.42%
	$Q_{385\sim768}$	11.03%	5.95%	1.61%	1.59%
$Q_{769\sim2\,048}$		1.06%	0.62%	2.80%	2.79%
$Q_{1\sim2\,048}$		5.03%	1.97%	2.99%	2.79%

由表 6-3 的测量结果可知，脉冲剔除算法改进前采用的是单点为零则剔除突变脉冲，这种情况下分别以铁锡锶样品和 ^{238}Pu 标准源为测量对象，得到的测量结果显示在第 1 ~ 128 道址范围内的计数率修复比例分别为

103.3%和85.66%，远远高于全谱总的计数率修复比例；而改进后的剔除算法采用多点为零则剔除突变脉冲，这样得到的计数率修复比例降低到8%左右，对低能段造成的误剔除改善效果较为明显，也使得突变脉冲比例分析更为准确。

在实验条件一致的前提下，除去统计涨落的影响，采用脉冲修复技术得到的计数率与采用脉冲剔除技术得到的计数率之差可近似认为是剔除掉的突变脉冲的计数率，因此计数率修复比例也就是突变脉冲占原始脉冲数量的比例。从而得出，计数率约为 8.07×10^{3}cps 的铁锡锶样品产生突变脉冲的概率约为1.97%，计数率约为 5.251×10^{4}cps 的^{238}Pu 标准源产生突变脉冲的概率约为2.79%。

6.5 峰面积分析

本节以活度为10 m Ci 的^{238}Pu 标准源为测量对象，计数率约为5.2×10^4 cps，采用脉冲剔除技术和脉冲修复技术分别得到10组测量数据，每次测量时间为120 s，道址为2 048 道。在测量得到的谱图中任取8种元素的全能峰峰面积进行对比，8个峰的峰面积分别记为S_1，S_2，S_3，S_4，S_5，S_6，S_7，S_8，如图6-11所示和见表6-4所列。在选取的8个全能峰中，峰面积大小不一，但通过10次测量的峰面积对比可以看出脉冲修复技术对每种元素的峰面积都有所提升，并详细计算了每种元素峰面积增加率以及全谱总的峰面积增加率，进一步验证了脉冲修复技术可以在脉冲剔除的基础上保证计数率不受损失。

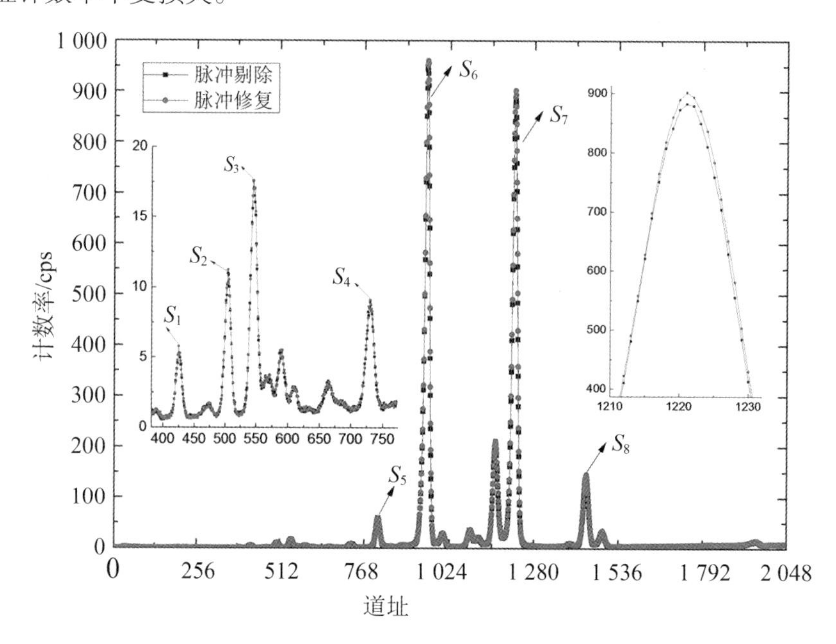

图 6-11 ^{238}Pu 源的能谱对照图

表 6-4　脉冲修复和脉冲剔除技术得到的峰面积对比

测量次数	处理技术	S_1/cps	S_2/cps	S_3/cps	S_4/cps	S_5/cps	S_6/cps	S_7/cps	S_8/cps	脉冲丢弃计数率/cps
1	脉冲剔除技术	9 827	18 896	29 689	21 031	126 611	2 159 614	2 516 741	440 965	16 975. 36
	脉冲修复技术	9 973	19 041	30 115	21 468	128 849	2 206 349	2 589 151	458 092	15 437. 25
2	脉冲剔除技术	9 984	18 946	29 841	21 000	126 509	2 160 069	2 516 139	441 183	16 965. 25
	脉冲修复技术	9 982	19 314	30 088	21 255	128 817	2 207 343	2 586 949	456 938	15 461. 45
3	脉冲剔除技术	10 123	18 852	29 651	21 105	126 967	2 158 685	2 517 574	441 606	16 949. 36
	脉冲修复技术	10 172	19 255	30 040	21 315	129 115	2 207 270	2 588 156	458 453	15 440. 25
4	脉冲剔除技术	9 819	18 981	29 535	20 990	126 699	2 161 929	2 517 703	441 317	16 957. 39
	脉冲修复技术	10 094	19 348	29 952	21 125	128 591	2 207 913	2 588 549	456 984	15 427. 27
5	脉冲剔除技术	9 986	19 127	29 696	20 901	126 232	2 162 332	2 517 893	440 628	16 968. 30
	脉冲修复技术	10 077	19 193	30 089	21 196	128 877	2 209 996	2 587 063	457 543	15 430. 29
6	脉冲剔除技术	9 871	19 151	29 945	20 868	126 236	2 161 386	2 516 611	440 505	16 956. 35
	脉冲修复技术	9 981	19 451	29 955	21 497	129 342	2 206 414	2 587 909	456 126	15 436. 96
7	脉冲剔除技术	10 089	19 044	29 764	21 052	126 650	2 161 278	2 517 542	442 239	16 937. 57
	脉冲修复技术	10 158	19 259	29 761	21 304	128 448	2 208 808	2 588 904	457 908	15 450. 39
8	脉冲剔除技术	9 760	18 958	29 708	20 923	126 928	2 162 538	2 517 095	439 693	16 983. 58
	脉冲修复技术	9 856	19 515	30 230	21 179	129 251	2 207 610	2 586 926	458 077	15 436. 46

续表

测量次数	处理技术	S_1/cps	S_2/cps	S_3/cps	S_4/cps	S_5/cps	S_6/cps	S_7/cps	S_8/cps	脉冲丢弃计数率/cps
9	脉冲剔除技术	10 010	19 151	29 627	21 154	126 887	2 159 733	2 515 590	441 842	16 979. 35
	脉冲修复技术	10 071	19 439	30 258	21 168	128 798	2 208 648	2 586 922	457 829	15 444. 28
10	脉冲剔除技术	9 944	19 101	29 366	21 587	126 539	2 159 653	2 513 695	442 358	16 980. 16
	脉冲修复技术	9 949	19 356	30 478	21 890	128 849	2 209 533	2 589 412	457 632	15 424. 58
平均值	脉冲剔除技术	9 941	19 020	29 682	21 061	126 625	2 160 721	2 516 658	441 233	16 964. 25
	脉冲修复技术	10 031	19 317	30 096	21 291	128 893	2 207 988	2 587 994	457 558	15 438. 69

在表6-4的基础上，对选取的8个峰在脉冲剔除和脉冲修复两种方式下分别测量得到的10组峰面积进行比较，峰面积增加率$S_{increase}$等于脉冲修复得到的峰面积S_{repair}与脉冲剔除技术得到的峰面积$S_{eliminate}$之差占脉冲剔除技术得到的峰面积的比例，即

$$S_{increase}=(S_{repair}-S_{eliminate})/S_{eliminate} \tag{6-4}$$

由式(6-4)计算得出每个特征峰的峰面积增加率和所有选定元素特征峰的峰面积之和的增加率如图6-12所示。图6-12中包括9条不同颜色的曲线，每一条曲线上都包含10个测量点，每一个测量点都是由脉冲修复后的峰面积和脉冲剔除后得到的峰面积通过式(6-4)计算得到的。前8条曲线代表S_1~S_8这8个不同元素特征峰的峰面积增加率，第9条红色实线则代表8种选定元素特征峰总的峰面积增加率。

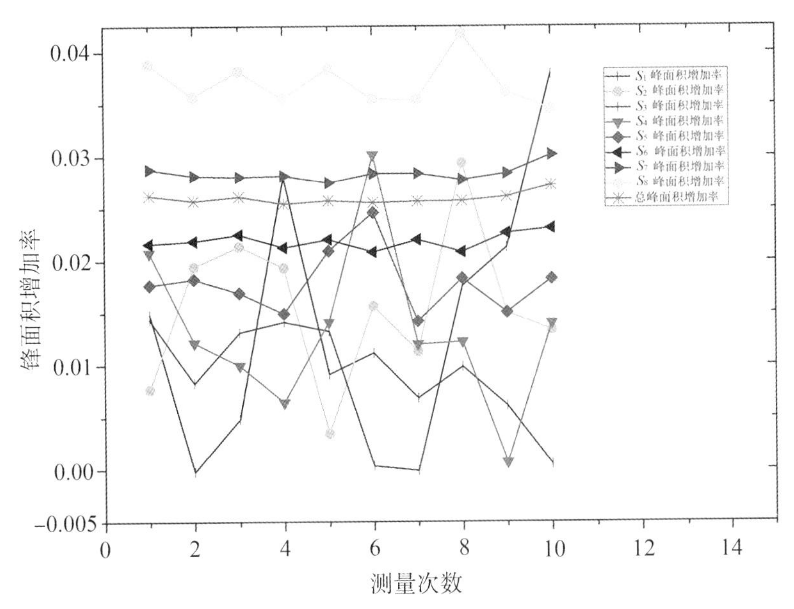

图 6-12　^{238}Pu 源采用脉冲修复技术得到的峰面积增加率

从图 6-12 中可以看出，$S_1 \sim S_4$ 这四个弱峰都位于低能段。如前面所述，在采用脉冲剔除技术时，低能段的元素会造成部分误剔除，而误剔除又是随机的，因此在每次测量中得到的低能段四个特征峰的峰面积增加率波动较大。从 S_5 开始之后的每种元素的峰面积增加率都趋于平稳，几乎不受误剔除的影响。所有选定元素的峰面积之和在修复后的增加率也是比较平稳的，约为 2.65%。

6.6 统计涨落分析

以前面得到的10组测量数据为基础，分别对三个指定道址区间内的计数率之和进行统计分析，第一个区间为全谱2 048个道址，第二个区间为$S_1 \sim S_4$四个弱峰所在的前768道，第三个区间包含的是$S_5 \sim S_8$所在的768 ~ 1 536道，见表6-5所列。一个好的测量结果，不仅要求计数率要尽可能大，而且在保证计数真实的基础上还要降低统计涨落(保持计数率有一个较高的稳定度)。在突变脉冲比例分析小节中，由式(6-3)已经得出采用脉冲修复技术后^{238}Pu标准源计数率的提升比例约为3%，此处仅对计数率的稳定度进行分析。

在实际测量中，测量结果的稳定性可由标准差来量化。很容易看出，不管是全谱、低能段还是高能段，采用脉冲修复技术得到的计数率标准差都小于采用脉冲剔除技术得到计数率标准差，从而得出脉冲修复技术得到的测量结果稳定度更高，统计涨落更小。

对于统计涨落的变化幅度，同样可以通过标准差的变化比例来量化，即

$$STD_{increase} = (STD_{repair} - STD_{eliminate})/STD_{eliminate} \tag{6-5}$$

式中，$STD_{increase}$为修复后得到的计数标准差STD_{repair}相对于剔除后的计数标准差$STD_{eliminate}$的增加比例。

由式(6-5)可以得出，采用脉冲修复技术后全谱计数率的统计涨落提升比例约为15.3%。

考虑到核素的衰变本身具有随机性，对计数率稳定度的验证也需要在大样本数据下的对比才更有意义，因此在下一节中，将采用铜矿样品作为测量对象，并增加实验次数到一千次以上，对测量结果的稳定性进行详细的分析。

表 6-5　脉冲修复和脉冲剔除技术得到的计数率对比

	C_{repair}	$C_{eliminate}$	C_{repair}	$C_{eliminate}$	C_{repair}	$C_{eliminate}$
道址区间	1 ~ 2048	1 ~ 2048	1 ~ 768	1 ~ 768	768 ~ 1536	768 ~ 1536
第 1 次测量	6 324 465	6 136 640	170 238	154 250	5 716 682	5 565 590
第 2 次测量	6 325 511	6 135 383	170 487	154 884	5 718 501	5 564 030
第 3 次测量	6 323 431	6 137 275	170 385	154 651	5 715 407	5 565 375
第 4 次测量	6 321 728	6 138 864	169 668	154 372	5 715 445	5 567 951
第 5 次测量	6 324 494	6 139 515	169 736	155 269	5 717 628	5 567 322
第 6 次测量	6 319 873	6 137 754	170 424	154 726	5 713 291	5 565 194
第 7 次测量	6 323 491	6 139 968	170 381	154 629	5 716 978	5 568 698
第 8 次测量	6 323 189	6 138 141	169 833	154 810	5 715 961	5 566 395
第 9 次测量	6 321 793	6 135 764	170 179	155 014	5 716 800	5 563 850
第 10 次测量	6 321 144	6 133 265	170 260	153 773	5 713 917	5 562 817
平均值	6 322 911	6 137 257	170 159	154 637	5 716 061	5 565 722
标准差	1 743. 75	2 057. 96	302. 08	422. 58	1 607. 92	1 887. 41

6.7 测量系统稳定性实验

采用脉冲修复进行稳定性测试时，测量对象依旧采用前面提到的铁锡锶样品。铁锡锶样品中元素种类丰富，既包含重元素 Se、Sn 等，也包含轻元素 Mg、Si、Ti、Fe 等，因此在做稳定性试验时分别采用轻元素模式测量 100 s，再切换到重一次测量 100 s，两种模式切换测量完一次大约需要 5 min，连续测量 5 个工作日，共获得 1 359 组测量数据。

对测量得到的数据进行稳定性分析，分析内容包括由上述 6 种金属元素在谱图中的峰面积换算得出的含量，元素含量的测量结果稳定性也就等同于每种元素的计数稳定性，详细分析结果如下。

图 6-13 是对铁锡锶样品进行 1 359 次测量得到的 Mg 元素的稳定性分析结果。图 6-13 中，Mg 元素含量的平均值 μ = 0.006 494，标准差 s = 0.000 337。$\mu \pm s$ 范围内的测量数据个数为 946，占总测量数据的 69.6%；$\mu \pm 2s$ 范围内的测量数据个数为 1 261，占总测量数据的 92.79%；$\mu \pm 3s$ 范围内的测量数据个数为 1 355，占总测量数据的 99.7%。

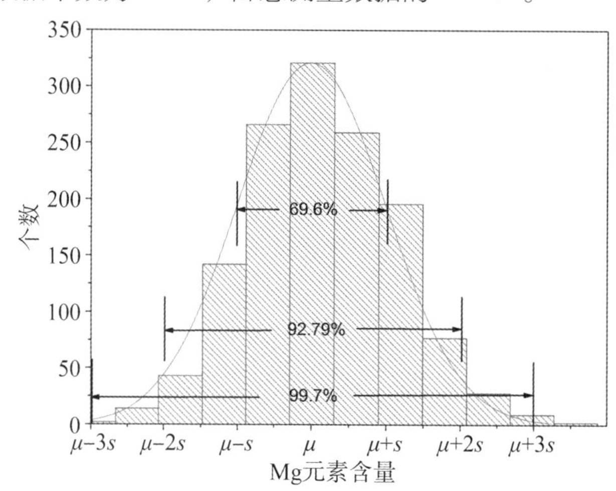

图 6-13 Mg 元素含量正态分布图

图 6-14 是对铁锡锶样品进行 1 359 次测量得到的 Si 元素的稳定性分析结果。图 6-14 中，Si 元素含量的平均值 μ = 0. 230 2，标准差 s = 0. 002 798。$\mu \pm s$ 范围内的测量数据个数为 912，占总测量数据的 67. 11%；$\mu \pm 2s$ 范围内的测量数据个数为 1 309，占总测量数据的 96. 32%；$\mu \pm 3s$ 范围内的测量数据个数为 1 358，占总测量数据的 99. 73%。

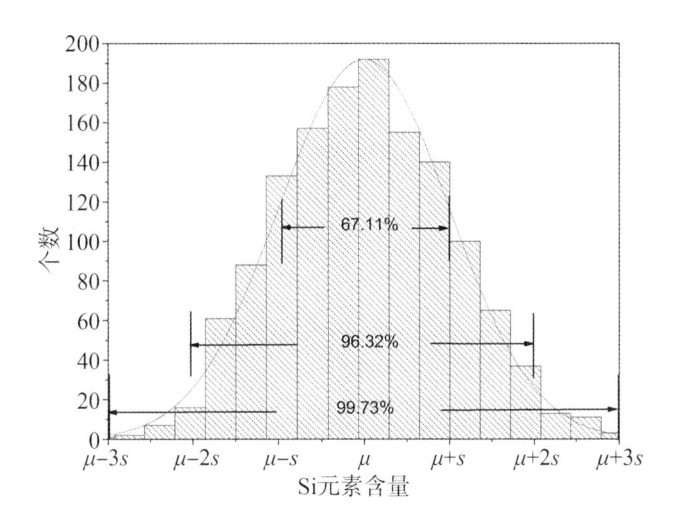

图 6-14　Si 元素含量正态分布图

图 6-15 是对铁锡锶样品进行 1 359 次测量得到的 Ti 元素的稳定性分析结果。图 6-15 中，Ti 元素含量的平均值 μ = 1. 754 487，标准差 s = 0. 005 289。$\mu \pm s$ 范围内的测量数据个数为 932，占总测量数据的 68. 58%；$\mu \pm 2s$ 范围内的测量数据个数为 1 301，占总测量数据的 95. 73%；$\mu \pm 3s$ 范围内的测量数据个数为 1 358，占总测量数据的 99. 93%。

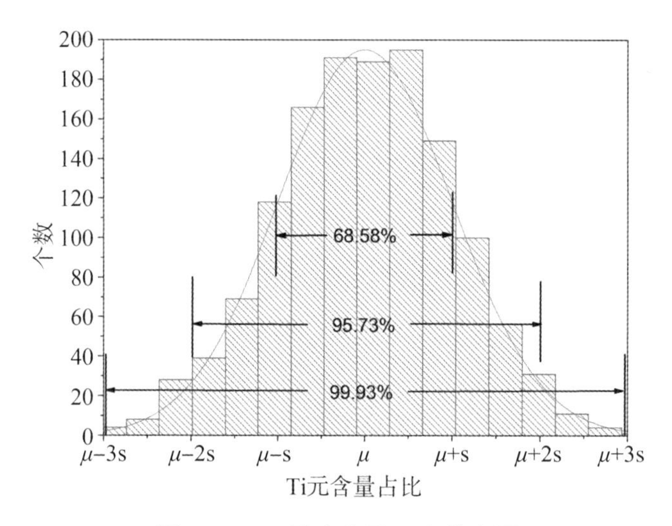

图 6-15　Ti 元素含量正态分布图

图 6-16 是对铁锡锶样品进行 1 359 次测量得到的 Fe 元素的稳定性分析结果。图 6-16 中，Fe 元素含量的平均值 μ = 14.617 18，标准差 s = 0.014 642。$\mu \pm s$ 范围内的测量数据个数为 924，占总测量数据的 67.99%；$\mu \pm 2s$ 范围内的测量数据个数为 1 301，占总测量数据的 95.73%；$\mu \pm 3s$ 范围内的测量数据个数为 1 356，占总测量数据的 99.78%。

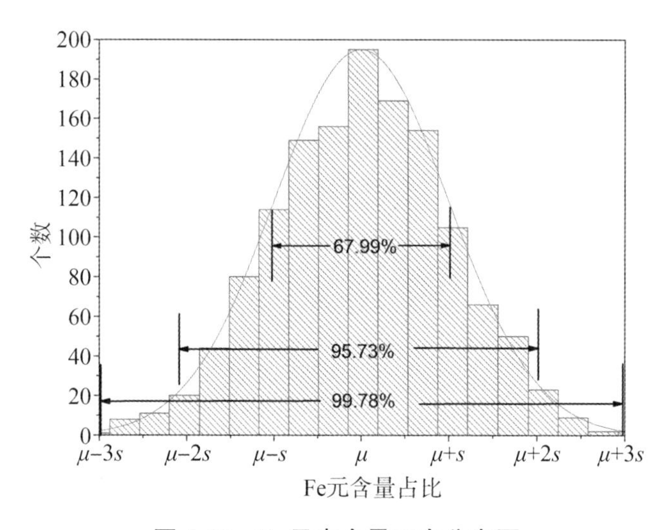

图 6-16　Fe 元素含量正态分布图

图 6-17 是对铁锡锶样品进行 1 359 次测量得到的 Sr 元素的稳定性分析结果。图 6-17 中，Sr 元素含量的平均值 μ = 5.704 51，标准差 s = 0.009 089。$\mu \pm s$ 范围内的测量数据个数为 925，占总测量数据的 68.06%；$\mu \pm 2s$ 范围内的测量数据个数为 1 309，占总测量数据的 96.32%；$\mu \pm 3s$ 范围内的测量数据个数为 1 355，占总测量数据的 99.71%。

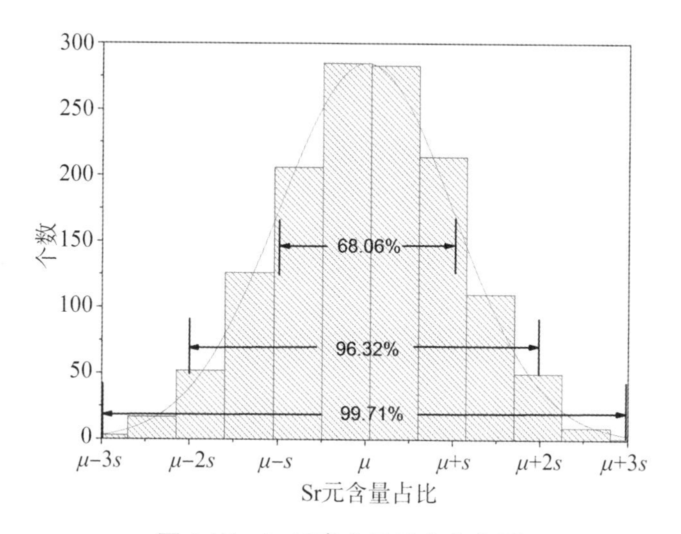

图 6-17　Sr 元素含量正态分布图

图 6-18 是对铁锡锶样品进行 1 359 次测量得到的 Sn 元素的稳定性分析结果。图 6-18 中，Sn 元素含量的平均值 μ = 0.565 003，标准差 s = 0.002 937。$\mu \pm s$ 范围内的测量数据个数为 956，占总测量数据的 70.35%；$\mu \pm 2s$ 范围内的测量数据个数为 1 292，占总测量数据的 95.07%；$\mu \pm 3s$ 范围内的测量数据个数为 1 354，占总测量数据的 99.63%。

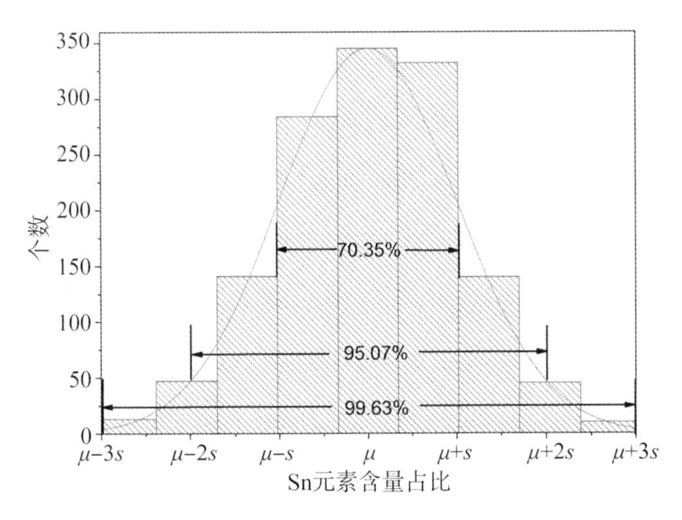

图 6-18　Sn 元素含量正态分布图

根据上述几种元素的稳定性分析结果可以得出表 6-6 的元素含量分析表。从表 6-6 中可以看出，每种元素在各个置信区间内的分布概率都近似等于该区间的理论概论，这就说明测量结果是符合正态分布的；同时也可以得出，在使用了脉冲修复技术后，整个测量系统依然是稳定可靠的。

表 6-6　元素含量分布表

置信区间 \ 元素	MgO 含量	SiO_2 含量	Ti 含量	Fe 含量	Sr 含量	Sn 含量	理论含量
$\mu \pm s$	69. 60%	67. 11%	68. 58%	67. 99%	68. 06%	70. 35%	68. 3%
$\mu \pm 2s$	92. 79%	96. 32%	95. 73%	95. 73%	96. 32%	95. 07%	95. 5%
$\mu \pm 3s$	99. 70%	99. 73%	99. 93%	99. 78%	99. 71%	99. 63%	99. 7%

6.8 本章小结

本章简要介绍了 X 射线测量系统中数字核脉冲信号处理器的硬件电路设计和 FPGA 的系统设计，并对不同突变脉冲处理技术的实验结果进行了分析讨论，从而得出如下结论。

(1)脉冲剔除技术的定性分析结果表明该技术可以有效消除突变脉冲造成的伪峰，但也存在计数率损失的缺陷；定量分析则通过脉冲剔除技术得到的剔除脉冲总计数与不处理突变脉冲时得到的剔除总计数之差估算出每次测量过程中剔除的突变脉冲的数量和所占比例。

(2)脉冲修复技术采用不同修复算法时得到的修复结果也不相同，修复时衰减太快虽然计算量低便于执行，但修复结果并不完善。当采用最优修复算法时，才能得到与脉冲剔除技术类似的修复效果。

(3)脉冲修复技术的定性分析从两个方面进行讨论：与不处理突变脉冲时得到的谱图进行对比结果表明，该技术可以有效消除突变脉冲造成的伪峰；与脉冲剔除技术得到的谱图进行对比结果则表明，该技术可以改善因为剔除突变脉冲造成的计数率损失。定量分析则通过铁锡锶样品中四种元素在三种不同的脉冲处理技术下得到的峰面积计算出脉冲修复技术相比于脉冲剔除技术的峰面积修复比例，最终得出每种元素在采用脉冲修复技术后峰面积都有所改善，尤其是低能段含量较低的元素，如 Ti 元素，修复比例更是高达 69.65% 。

(4)突变脉冲比例分析小节中以铁锡锶样品和^{238}Pu 标准源为测量对象，对各个能量段的计数率进行分析得出。由于低能段误剔除的存在，低能段的计数率修复比例远远高于高能段的修复比例。^{238}Pu 标准源，计数率修复比例为2. 79%，可近似认为该样品突变脉冲的比例也为2. 79%；铁锡锶样品计数率修复比例为1. 97%，可近似认为突变脉冲的比例为1. 97%。

(5)峰面积分析中的实验结果表明，以^{238}Pu标准源为测量对象时选定元素的峰面积之和在修复后的增加率约为2. 65%。

(6)计数稳定性分析结果表明，脉冲修复技术相比于脉冲剔除技术得到的计数率更高，标准差更低，从而得出脉冲修复技术不仅提高了计数率，也提高了测量结果的稳定性。

(7)使用脉冲修复技术进行的稳定性实验结果表明，经过1 359次测量，样品中6种元素的测量结果稳定，整个测量系统稳定可靠。

参考文献

[1] AMPTEK X 射线/X 光硅漂移探测器 XR-100SDD[DB/OL]. https://www.instrument.com.cn/netshow/c153252.html.

[2]敖奇，魏义祥，屈建石. 数字滤波器对 FlashADC 性能改善的研究[J]. 核电子学与探测技术，2009，29(3)：593-596.

[3]敖奇，魏义祥，文向阳. 基于 DSP 的数字化多道脉冲幅度分析器设计[J]. 核技术，2007，30(6)：532-536.

[4]包良进，张言，夏明旭，等. 一种新的放射性废液吸收技术[C]. 核化工三废处理处置学术交流会，2007：1-4.

[5]蔡跃荣，陈满，刘国华，等. 基于 DSP 的核信号波形数字化获取与处理系统设计[J]. 核电子学与探测技术，2006，26(4)：462-465.

[6]曹利国，丁益民，黄志琦. 能量色散 X 射线荧光方法[M]. 成都：成都科技大学出版社，1998.

[7]曹琴琴，金川，任翔，等. 透射型 X 射线管靶材的分析与评价[J]. 中国辐射卫生，2013，22(1)：15-17.

[8]陈亮，魏义祥，肖无云. 数字化谱仪系统极点识别算法应用与系统仿真[J]. 核电子学与探测技术，2008，28(1)：166-169.

[9]弟宇鸣，方国明，邱晓林，等. 核辐射堆积脉冲数字化判别[J]. 原子能科学技术，2008，42(4)：370-372.

[10]富洪玉，过雅南，赵棣新，等. 数字式随机脉冲产生器[J]. 核电子学与探测技术，2002，22(2)：162-165.

[11]郭思明，王庆斌，马忠剑. 脉冲辐射场中子探测器死时间效应研究[J]. 核电子学与探测技术，2016，36(2)：132-136.

[12]韩小元，卓尚军，申如香，等. XRF中激发电位和靶材对散射效应增强荧光强度的影响研究[J]. 光谱学与光谱分析，2007，27(1)：194-197.

[13]黄丹，邓玉福，谷珊，等. EDXRF分析中粉末压片制样条件及X光管激发条件研究[J]. 2014，32(2)：233-236.

[14]霍勇刚，许鹏，弟宇鸣. 采样速率对数字化谱仪γ射线能量分辨率的影响. 第六届全国核仪器及其应用学术会议论文集，2008：16-18.

[15]洪旭，倪师军，周建斌，等. 数字高斯脉冲成形算法仿真研究[J]. 核技术，2016，39(11)：110403-110407.

[16]洪旭，倪师军，周建斌，等. 梯形成形算法中成形参数与成形脉冲波形关系研究[J]. 核电子学与探测器技术，2016，36(2)：150-158.

[17]洪旭，周建斌，赵祥，等. 数字化铀浓度在线分析测量系统设计[J]. 核电子学与探测技术，2016，36(10)：1004-1007.

[18]洪旭，倪师军，周建斌，等. 数字高斯脉冲成形算法仿真研究[J]. 核技术，2016，39(11)：11040301-11040306.

[19]胡丽华，黄志斌，纪顺俊，等. 固态荧光的测试方法[J]. 分析仪器，2011，5：55-58.

[20]黄洪全，方方，龚迪琛，等. 呈任意能量分布的核信号模拟[J]. 核技术，2009，32(11)：854-858.

[21]金星，洪延姬. 蒙特卡罗方法在系统可靠性中应用[M]. 北京：国防工业出版社，2013.

[22]覃章健，葛良全，程峰. 曲线拟合在核探测器信号幅度提取中的应用[J]. 成都理工大学学报：自然科学版，2007，34(6)：643-647.

[23]覃章健. 基于FPGA的便携式数字核谱仪研制[D]. 成都：成都理工大学，2008 .

[24]李朋杰，李智焕，陈志强，等. 硅探测器的数字化脉冲形状甄别[J]. 原子核物理评论，2017，34(2)：177-181.

[25]李丹. EDi X-Ⅲ型X光管在能量色散X荧光分析中的应用研究[D]. 成都：成

都理工大学，2008.
[26]李鑫伟. 不同靶材对能量色散 X 射线荧光光谱检测影响[D]. 长春：长春理工大学，2014.
[27]李东仓，李庆，杨磊，等. 多模式仿核脉冲随机信号发生器研究[J]. 兰州大学学报(自然科学版)，2007，43(3)：110-113.
[28]李东仓，李庆，杨磊，等. 仿核脉冲的随机信号发生器研究[J]. 核技术，2007，27(2)：223-226.
[29]廖学亮，沈学静，刘明博，等. 台式能量色散 X 射线荧光光谱直接检测大米中的 Cd[J]. 食品科学，2014，35(24)：169-173.
[30]刘磊. X 射线荧光取样技术中关于“几何效应”问题的讨论[C]. 全国成因矿物与找矿矿物学学术会议，1986.
[31]卢希庭，江栋兴，叶治林. 原子核物理学[M]. 北京：原子能出版社，2000.
[32]卢希庭. 原子核物理[M]. 北京：原子能出版社，2000.
[33]吕恭祥，杨志军. 数字化核测装置的研究[J]. 核技术，2006，26(2)：230-233.
[34]邱晓林，方国明，弟宇鸣，等. 核辐射脉冲幅度分析的基线卡尔曼滤波估计[J]. 原子能科学技术，2007，41(3)：375-377.
[35]任家富，周建斌，穆克亮，等. 基于 DSP 技术的多道核脉冲幅度分析器的设计[J]. 核技术，2006，26(5)，580-583.
[36]谭承君，曾国强，熊川雲，等. 基于随机抽样的核脉冲信号发生器的研究[J]. 原子能科学技术，2014，48(增刊)：655-661.
[37]王经瑾，范天民，钱永庚. 核电子学[M]. 北京：原子能出版社，1983.
[38]王磊，庹先国，成毅，等. 基于 DSP 的数字多道脉冲幅度分析器设计[J]. 核电子学与探测技术，2009，29(4)：580-583.
[39]王鹏飞，黄荣辉，李建平. 数值积分过程中截断误差和舍入误差的分离方法及其效果检验[J]. 大气科学，2011，5(3)：403-410.
[40]王芝英. 核电子技术原理[M]. 北京：北京原子能出版社，1989.
[41]吴军龙，李智慧，胡荣春，等. 开关复位式前置放大器前沿定时误差分析[J].

核电子学与探测技术, 2010, 30(6): 854-856.

[42]肖无云, 魏义祥, 艾宪芸. 多道脉冲幅度分析中的数字基线估计方法[J]. 核电子学与探测技术, 2005, 25(6): 601-604.

[43]肖无云, 魏义祥, 艾宪芸, 等. 数字化多道脉冲幅度分析技术研究[J]. 核技术, 2005, 28(10): 787-790.

[44]肖无云, 魏义祥, 艾宪芸. 数字化多道脉冲幅度分析中的梯形成形算法[J]. 清华大学学报: 自然科学版, 2005, 45(6): 810-812.

[45]文向阳, 魏义祥, 肖无云. 任意噪声和约束下的最佳数字滤波器设计[J]. 清华大学学报: 自然科学版, 2006, 46(9): 1597-1600.

[46]肖无云, 梁卫平, 邵建辉, 等. 基于 FPGA 的数字化核脉冲幅度分析器[J]. 核电子学与探测技术, 2008, 28(6): 1609-1611.

[47]许鹏, 弟宇鸣, 邱晓林. γ 辐射数字测量与分析技术研究[J]. 核电子学与探测技术, 2007, 27(2): 234-238.

[48]许淑艳. 蒙特卡罗方法在实验核物理中的应用(修订版)[M]. 北京: 原子能出版社, 2006.

[49]许鹏, 霍勇刚, 邱晓林. 核辐射信号数字测量与分析方法研究[J]. 核技术, 2008, 31(10): 791-795.

[50]杨强, 葛良全, 赖万昌, 等. EDXRF 分析中 X 光管参数优化问题研究[J]. 地质学报, 2013, 87: 363-363.

[51]杨剑. 高纯锗数字多道脉冲幅度分析系统的研制[D]. 成都: 成都理工大学, 2017.

[52]余国刚. 智能高放射性仿核信号发生器系统的研究[D]. 成都: 成都理工大学, 2017.

[53]赵国庆, 任炽刚. 核分析技术[M]. 北京: 原子能出版社, 1989.

[54]张软玉, 陈世国, 王鹏, 等. 数字核谱仪中条件线路的一种最佳实现方法[J]. 核电子学与探测技术, 2003, 23(6): 544-547.

[55]张软玉, 陈世国, 罗小兵, 等. 数字化核能谱获取中信号处理方法的研究[J].

原子能科学技术，2004，38(5)：252-255.

[56]张软玉，周清华，罗小兵，等. 核信号数值仿真方法的研究及应用[J]. 核电子学与探测技术，2006，26(4)：421-424.

[57]张软玉. 数字化核能谱获取系统的研究[D]. 成都：四川大学原子核科学技术研究所，2006.

[58]张丽娇. EDXRF 法检测大米中痕量重金属元素的关键技术研究[D]. 成都：成都理工大学，2017.

[59]张佳媚，师全林，白涛，等. 小波分析方法对降低 γ 谱统计涨落的作用[J]. 原子能科学技术，2005，39(4)：349-353.

[60]张庆贤，葛良全，谷懿，等. MC 模拟分析透射式微型 X 射线管目标靶厚度对输出谱的影响[J]. 光谱学与光谱分析，2013，33(8)：2231-2234.

[61]张软玉，罗小兵，许祖润. 参数最优化数字核能谱获取系统研究[J]. 原子能科学技术，2009，43(1)：78-81.

[62]曾国强，杨剑，欧阳小平，等. 数字快成形算法用于慢衰减闪烁体的高计数率能谱读出[J]. 原子能科学与技术. 2017，51(9)：1671-1677.

[63]曾国强，葛良全，熊盛青，等. 数字技术在航空伽马能谱仪中的应用[J]. 物探与化探，2010，34(2)：209-213.

[64]曾国强，葛良全，熊盛青，等. 数字能谱技术在航空能谱勘查系统的应用[C]//第七届全国核仪器及其应用学术会议暨全国第五届核反应堆用核仪器学术会议论文集，2009：183-187.

[65]郑健，杨自觉，王立强. 一种新型的电流灵敏前置放大器[J]. 核电子学与探测技术，2002，22(2)：152-154.

[66]卓惠祥. 随机脉冲发生器[J]. 核技术，1987，7(2)：98-102.

[67]周建斌. 低原子序数元素能量色散荧光仪的研制[D]. 成都：成都理工大学，2008.

[68]周建斌，万文杰，喻杰. 脉冲信号处理方法、装置及用户终端：中国，201810090267. 2[P]. 2018-07-13.

[69]周建斌，胡云川，洪旭，等. 基于实时数字脉冲处理技术的核谱仪研究[J]. 原子能科学技术，2015，49(12)：2272-2276.

[70]周建斌，王敏，周伟，等. 实时核信号数字化脉冲成形关键技术研究[J]. 原子能科学技术，2014，48(2)：352-356.

[71]周清华，张软玉，李泰华. 数字化核信号梯形成形滤波算法的研究[J]. 四川大学学报：自然科学版，2007，44(1)：111-114.

[72]周伟. 基于数字高斯成形技术的X荧光谱仪的研制[D]. 成都：成都理工大学，2011.

[73]周志成，惠维纲一个简单的模拟高斯形核谱发生器[J]. 北京大学学报：自然科学版，1986，22(1)：106-114.

[74]ABBENE L，GERARDI G. Digital performance improvements of a CdTe pixel detector for high flux energy-resolved X-ray imaging[J]. Nuclear Instruments and Methods in Physics Research A，2015，777：54-62.

[75]ABBENE L，GERARDI G，PRINCIPATO F，et al. Performance of a digital CdTe X-ray spectrometer in low and high counting rate environment[J]. Nuclear Instruments and Methods in Physics Research A，2010，621，447-452.

[76]AMMERLAAN C，RUMPHORST R F，KOERTS L A C，et al. Particle identification by pulse shape discrimination in the p-i-n type semiconductor detector[J]. Nucl Instruments and Meth，1963，22(2)：189-194.

[77]Amptek-X-Ray Detectors and Electronics. Silicon Drift Detector Application Note. http：//amptek. com/silicon-drift-detector-application-note/，2016 (accessed 2017-06-14).

[78]Amptek-X-Ray Detectors and Electronics. FAST-SDD Ultra High Performance Silicon Drift Detector. http：//amptek. com/products/fast-SDD-silicon-drift-detector/，2016 (accessed 2017-6-14).

[79]REGADIO A，SANCHEZ-PRIETO S，PRIETO M，et al. Implementation of real-time adaptive digital shaping for nuclear spectroscopy[J]. Nuclear Instruments and

Methods in Physics Research A, 2014, 735: 297-303.

[80] REGADIO A, SANCHEZ-PRIETO S, TABERO J. Synthesis of optimal digital shapers with arbitrary noise using simulated annealing[J]. Nuclear Instruments and Methods in Physics Research A, 2014, 738: 74-81.

[81] REGADIO A, SANCHEZ-PRIETO S, TABERO J, et al. Synthesis of optimal digital shapers with arbitrary noise using a genetic algorithm[J]. Nuclear Instruments and Methods in Physics Research A, 2015, 795: 115-121.

[82] ROSCOE B R, FURR A K. Time dependent deadtime and pile-up corrections for Gamma ray spectroscopy [J]. Nuclear Instruments and Methods, 1977, 140: 401-404.

[83] JAKOBSONG C G. CMOS Low-Noise Switched Charge Sensitive Preamplifier for CdTe and CdZnTe X-Ray Detectors[J]. IEEE Transactions on Nuclear Seience, 1997, 44: 20-25.

[84] JAKOBSON C G, NEMIROVSKY Y. CMOS Low-Noise Switched Charge Sensitive Preamplifier for CdTe and CdZnTe X-Ray Detectors [J]. IEEE Transactions on Nuclear Science, 1997, 44(1): 20-25.

[85] GUO W, LEE S H, GARDNER R P. The Monte Carlo approach MCPUT for correcting pile-up distorted pulse-height spectra[J]. Nuclear Instrumments Methods, 2004, 531: 520-529.

[86] GUO W, GARDNER R P, LI F. A Monte Carlo code for simulation of pulse pileup spectral distortion in pulse-height measurement[J]. Adv. X-ray Anal, 2005, 48: 246-252.

[87] XU H, MA Y J, ZHOU J B, et al. New methods to remove baseline drift in trapezoidal pulse shaping [J]. Nuclear Science and Techniques, 2015, 25 (5): 050402.

[88] XU H, ZHOU J B, NI S J, et al. Counting-loss correction for X-ray spectroscopy using unit impulse pulse shaping [J]. J. Synchrotron Rad, 2018, 25: 505-513.

[89] KOEMAN H. Principle of operation and properties of a transversal digital filter[J]. Nuclear Instruments & Methods, 1975, 123 (1): 169-180.

[90] KEOMAN H. Practical performance of the transversal digital filter in conjunction with X-ray detector and preamplifier[J]. Nuclear Instruments & Methods, 1975, 123 (1): 181-187.

[91] KHODYUK I V, MESSINA S A, Hayden T J, et al. Optimization of scintillation performance via a combinatorial multi-element co-doping strategy: Application to NaI: Tl[J]. Journal of Applied Physics, 2015, 118 (8): 5.

[92] MOREE J. Energy resolving semiconductor detectors for X-ray spectroscopy[J]. European synchrotron radiation facility, 2010, 2: 1-45.

[93] ZHOU J B, et al. Digitalanalysis and processing of nuclear signal, first ed[M]. Beijing: China Atomic Energy Publishing House, 2017.

[94] YANG K, MENGE P R. Improving γ-ray energy resolution, non-proportionality, and decay time of NaI: Tl with Sr^{2+} and Ca^{2+} co-doping[J]. Journal of Applied Physics, 2015, 118 (21) : 100.

[95] TAGUCHI K, FREY E C, WANG X L. An analytical model of the effects of pulse pileup on the energy spectrum recorded by energy resolved photon counting x-ray detectors[J]. Medical Physics, 2010, 37(8): 3957-3969.

[96] LI Z, TUO X G, SHI R, et al. A statistical approach to fit Gaussian part of full-energy peaks from Si(PIN) and SDD X-ray spectrometers[J]. SCIENCE CHINA, 2014, 57: 19-24.

[97] PERRING L, MONARD F. Improvement of Energy Dispersive X-Ray Fluorescence Throughput: Influence of Measuring Times and Number of Replicates on Validation Performance Characteristics[J]. Food Analytical Methods, 2010(3): 104-115.

[98] SABBATUCCI L, SCOT V, FERNANDEZ J E. Multi-shape pulse pile-up correction: The MCPPU code[J]. Radiation Physics and Chemistry, 2014, 104: 372-375.

[99] NAKHOSTIN M, PODOLYAK Z S, REGAN P H, et al. A digital method for

separation and reconstruction of pile-up events in germanium detector[J]. Review of Scientific Instruments, 2010, 81(10): 103507.

[100] MENAA N, AGOSTINO P D, ZAKRZEWSKI B, et al. Evaluation of real-time digital pulse shapers with various HPGe and silicon radiation detectors[J]. Nuclear Instruments & Methods in Physics Re-search, Section A, 2011 652: 512-515.

[101] KAFAEE M, MOUSSAVI-ZARANDI A. Baseline Restoration and Pile-up Correction Based on Bipolar Cusp-like Shaping for High-resolution Radiation Spectroscopy[J]. Journal of the Korean Physical Society, 2016, 68 (8) : 960-964.

[102] CHEFDEVILLEA M, VAN DER GRAAFA H, et al. Pulse height fluctuations of integrated micromegas detectors[J]. Nuclear Instruments and Methods in Physics Research A, 2008, 591: 147-150.

[103] ALEKHIN M S, DE HASS J T M, KHODYUK I V, et al. Improvement of -ray energy resolution of LaBr3: Ce^{3+} scintillation detectors by Sr^{2+} and Ca^{2+} co-doping [J]. Applied Physics Letters, 2013, 102 (16) : 35-1.

[104] NIKL M, MARES J A, CHVAL J, et al. An effect of Zr^{4+} co-doping of YAP: Ce scintillator[J]. Nuclear Instruments and Methods in Physics Research A, 2002, 486 (1): 250-253.

[105] SPURRIER M A, MELCHER C L, SZUPRYCZYNSKI P, et al. 2008. Effects of Ca co-doping on the scintillation properties of LSO: Ce[J]. IEEE Transactions on Nuclear Science, 55(3): 1178-1182.

[106] REZA M, BEHBAHANI M, SARAMAD S. Pile-up correction algorithm based on successive integration for high count rate medical imaging and radiation spectroscopy [J]. Nuclear Instruments and Methods in Physics Research A, 2018, 897 (4): 1-7.

[107] MENAA N, AGOSTINO P D, ZAKRZEWSKI B. Evaluation of real-time digital pulse shapers with various HPGe and silicon radiation detectors [J]. Nuclear Instruments and Methods in Physics Research A, 2011, 652 (1): 512-515.

[108] NEDIALKO B D, VALENTIN T J. Probability Density Function Transformation

Using Seeded Localized Averaging [C]. IEEE Transactions on Nuclear Science, 2012, 59(4): 1300-1308 .

[109] PAUL A B S, CHRIS C M, ROB J E. Real time pulse pile-up recovery in a high throughput digital pulse processor [C]. Valencia: Nuclear Science Symposium and Medical Imaging Conference (NSS/MIC), 2011 IEEE.

[110] HANNEQUIN P P, MASPHOTON J F. Energy recovery: a method to improve the effective energy resolution of gamma cameras [J]. Journal of Nuclear Medicine Official Publication Society of Nuclear Medicine, 1989, 39 (3) : 555-62.

[111] RICHARD M L, RONALD F F. Dead time, pileup, and accurate gamma-ray spectrometry [J]. Radioactivity and Radiochemistry, 1995, 6(2): 20-27.

[112] USMAN S, PATIL A. Radiation detector deadtime and pile up: A review of the status of science [J]. Nuclear Engineering and Technology, 2018, 50(10): 1006-1016.

[113] SUN H B, LI Y L, ZHU W B, et al. Research on switched integrator charge-sensitive preamplifiers [J]. Nuclear Electronics & Detection Technology. 2005, 25: 77-80.

[114] TANG L, YU J, ZHOU J, et al. A new method for removing false peaks to obtain a precise X-ray spectrum [J]. Applied Radiation and Isotopes, 2018, 135: 171-176.

[115] TANG L, ZHOU J, FANG F, et al. Counting-loss correction for X-ray spectrum using pulse repairing method [J]. Journal of Synchrotron Radiation, 2018, 25: 1760-1767.

[116] FUKUCHI T, ARAI T, WATANABE F, et al, A Digital Signal Processing Module for Ge Semiconductor Detectors [J]. IEEE Transactions on Nuclear Science, 2011, 58 (2): 461-467.

[117] TADA T, HITOMI K, TANAKA T, et al. Digital pulse processing and electronic noise analysis for improving energy resolutions in planar TIBr detectors [J]. Nuclear Instruments and Methods in Physics Research A, 2011: 638 (1) : 92-95.

[118] JORDANOV V T, KNOLL G F. Digital synthesis of pulse shapes in real time for high resolution radiation spectroscopy[J]. Nuclear Instruments and Methods in Physics Research A, Y, 345: 337-345.

[119] JORDANOV V T, KNOLL G F, HUBER A C, et al. Digital techniques for real-time pulse shaping in radiation measurements[J]. Nuclear Instruments and Methods in Physics Research A, 1994, 353: 261-264.

[120] JORDANOV V T. Deconvolution of pulses from a detector-amplifier configuration [J]. Nuclear Instruments and Methods in Physics Research A, 1994, 351: 592-594.

[121] JORDANOV V T. Real time digital pulse shaper with variable weighting function [J]. Nuclear Instruments and Methods in Physics Research A, 2003, 505: 347-351.

[122] JORDANOV V T. Unfolding-synthesis technique for digital pulse processing. Part1: Unfolding[J]. Nuclear Instruments and Methods in Physics Research A, 2015, 805: 63-71.

[123] JORDANOV V T, MEMBER S. Radiation Spectroscopy Using Seeded Localized Averaging ("SLA")[C]. IEEE Nuclear Science Symposium Conference Record, vol. 1. IEEE, 2005: pp. 216-220.

[124] JORDANOV V T. Method for radiation spectroscopy using seeded localized averaging ("SLA") and channel-address recycling[P]. US Patent 7, 2007: 302, 353.

[125] RADEKA V. Effect of "Baseline Restoration" on Signal-to-Noise Ratio in Pulse Amplitude Measurements[J]. Review of Scientific Instruments, 1967, 38 (10): 1397-1403.

[126] SANI E V, ZARANDI M A, ASHRAFI N A, et al. Neutron-gamma discrimination based on bipolar trapezoidal pulse shaping using FPGAs in NE213[J]. Nuclear Instruments and Methods in Physics Research A, 2012, 694: 113-118.

[127] DANON Y, SONES B, BLOCK R. Dead time and pileup in pulsed X-ray

spectroscopy[J]. Nuclear Instruments and Methods in Physics Research A, 2004, 524: 287-294.

[128] ZHOU J B, LIU Y, XU H, et al. The application of pile-up pulse identification in X-ray spectrometry[J]. Chinese Physics C, 2015, 39(6): 068201.

[129] ZHOU J B, ZHOU W, XU H. Improvement of digital S-K filter and its application in signal processing[J]. Nuclear Science and Techniques, 2013, 24(6): 060401.

[130] ZHOU J B, ZHOU W, LEI J R, et al. Study of time-domain digital pulse shaping algorithms for nuclear signal[J]. Nuclear Science and Techniques, 2012, 23(3): 150-155.

[131] 李哲. X 射线探测器响应机制及应用建模技术[D]. 成都：成都理工大学，2013.

[132] 辜润秋. EDXRF 分析稻米中重金属 Cd 的最佳探测装置研究[D]. 成都：成都理工大学，2016.

[133] 王敏. 数字核能谱测量系统中滤波与成形技术研究[D]. 成都：成都理工大学，2011.